观势

司文沛 编著

北京时代华文书局

图书在版编目（CIP）数据

观势 / 司文沛编著. -- 北京 :北京时代华文书局,
2025.7. -- ISBN 978-7-5699-6094-5

Ⅰ. B821-49

中国国家版本馆 CIP 数据核字第 2025JV3265 号

GUAN SHI

出 版 人：陈 涛
责任编辑：王盼盼
责任校对：陈冬梅
装帧设计：仙境设计
责任印制：刘 银

出版发行：北京时代华文书局 http://www.bjsdsj.com.cn
北京市东城区安定门外大街 138 号皇城国际大厦 A 座 8 层
邮编：100011　电话：010-64263661　64261528

印　刷：三河市冠宏印刷装订有限公司
开　本：710 mm×1000 mm　1/16　　成品尺寸：160 mm×230 mm
印　张：10　　字　数：123千字
版　次：2025 年 7 月第 1 版　　印　次：2025 年 7 月第 1 次印刷
定　价：39.80 元

前言

洞察先机："观势"改变命运

在漫漫人生长河里，洞察先机、掌控大势堪称扭转命运的关键。大势，即那些能够左右时代进程、引发社会巨变，或促使个人命运峰回路转的关键趋向。个人若能精准洞察并果敢地投身其中，便如同登上了一列风驰电掣的高速列车，有可能揽获超乎想象的利益与殊荣。

古往今来，不乏因善于观势而成就非凡之人。比如诸葛亮，他虽然身处乱世，却能敏锐地洞察天下局势。在刘备三顾茅庐之时，他提出"隆中对"，精准地分析了当时各方诸侯的实力与地缘政治格局，预见天下三分的大势，并为刘备规划了立足荆州、夺取益州，进而联吴抗曹、图谋中原的宏伟战略。正是凭借着对局势的深刻洞察与准确判断，诸葛亮才得以在乱世中施展才华，成就了一番传奇霸业，被人们视作智慧与谋略的化身，名垂青史。

再看范蠡，他也是一位善于观势的智者，辅佐越王勾践复国后，深知"飞鸟尽，良弓藏；狡兔死，走狗烹"的道理，毅然决然地选择功成身退。他看到了商业领域的发展潜力，转而投身商海。范蠡根据时节变化、地域物产差异等因素，巧妙地把握商业大势，据此从事贸易活动，最终富甲一方，成为商人敬仰的"商圣”。他的成功，正是源于对时势的准确研判与果断行动。

“时势造英雄。”这一论断在历史的长河中不断得到印证。过去，每一个发生重大变革的历史时期，总有一些能够敏锐感知时代脉搏的人脱颖而出。他们顺应时势，借助大势的力量，成就了常人难以企及的功绩。

回顾往昔，20世纪八九十年代，下海经商潮涌起时，市场仿若一片亟待开垦的广袤沃土，机遇俯拾皆是。无论是涉足贸易、开办工厂，还是投身服务行业，只要勇于尝试，获得财富并非难事。许多原本平凡无奇之人，借此浪潮摇身一变成为商业巨擘。再看近年来，短视频的迅猛发展宛如一场数字风暴，席卷全球。各类短视频平台如雨后春笋般涌现，创作者凭借新颖的创意、独特的视角，在这个新兴领域开疆拓土。直播行业更是异军突起，许多主播凭借一张巧嘴、一台设备，将商品销售至千家万户，缔造了一个又一个商业传奇，收获了令人艳羡的财富。

相反，一个人若不能精准把握大势，即便付出再多努力，成效也可能不尽如人意。

比如，如今的房地产行业逐渐步入调整期，曾经辉煌一时的房地产企业面临诸多困境。有人若此时仍执意投身土木工程专业，一心想去房地产企业就职，无疑是逆水行舟。随着房地产行业的变革，市场需求锐减，一个人若是投身于此，那么他的职业发展之路就有很大可能荆棘密布，遭遇打击。

观势并非易事，它需要我们具备敏锐的洞察力、深厚的知识储备，以及对社会、经济、文化等多方面信息的广泛了解与综合分析能力。只有时刻保持对周围环境的关注，深入研究历史发展规律与当下社会动态，我们才能在大势初现端倪之时，准确地识别并抓住机遇。

未来，新的大势将不断涌现。无论是科技领域的创新突破，如人工智能、量子计算等技术的进一步发展，还是日常生活领域的新潮流、新趋势，都将为那些善于观势之人提供广阔的舞台。我们应当借鉴古人观势的智慧，积极培养自己洞察先机的能力，在时代的浪潮中找准方向，勇敢前行。如此，方能改变命运，书写属于自己的辉煌篇章。

目录 CONTENTS

第一章

观势入门
——练就“千里眼”

第一节

什么是形势？准确判断形势有何重要性？

在日常生活中，我们常常听到“形势”这个词，但并非每个人都能准确地理解它的含义及重要性。从词语的构成上来说，“形势”一词由“形”和“势”两个汉字组成。形，指的是物体的外貌、形状。势，则是指某种力量、趋势或者权力、地位。它可以表示一种动态的趋势，比如水的流向；也可以指人或团体的权势、影响力等。当这两个字组合在一起构成“形势”时，它是指在特定的时间、地点和社会背景下，由多种因素综合作用形成的一种客观状态或趋势。简单来说，“形势”就是把“形”和“势”结合起来说，不仅看事物表面是什么样，还要看它整体是什么状况，比如不仅考虑现在是好是坏、顺不顺，还得琢磨它以后可能怎么发展。

如今，“形势”一词广泛应用于军事、政治、经济、文化、社会等多个领域，比如“国际形势”“市场形势”“行业形势”等。在日常生活中，人们也会用“形势”来形容某个特定情境下的整体状况以及可能的发展趋势。“目前的市场形势不太好，很多公司的业绩都在下滑。”这里的“形势”指的是市场的经济环境。“比赛的形势明朗，对我们有利。”这里的“形势”指的是比赛面临的发展趋势。总的来说，在日常生活中，准确判断形势，可以帮助人们更好地理解和应对各种情况，做出更加明智的决策，避免不必要的风险。

具体来说，认清形势在以下5个方面具有重要作用。

1. 职业选择与规划

通过客观地分析当前的就业环境，我们可以洞察不同行业的现状和发展趋势，从而更好地规划自己的职业生涯。在选择职业道路时，了解行业形势可以帮助我们做出更恰当的选择。

例如，政府近期出台了一系列关于房地产市场的调控措施，房地产行业逐渐进入调整期，增长速度放缓。这对该行业的就业市场产生了一定影响。相比之下，随着技术的不断进步和创新，互联网行业特别是人工智能领域正处于快速发展期，因此相关行业对人才的需求越来越大，提供的待遇较好，发展空间也较大。由此可见，个人进行职业选择和规划时，考虑这些宏观因素是非常有必要的。

> 小张是一名大四的学生。在考虑未来的职业方向时，他深入研究了近些年的就业市场形势，注意到尽管互联网行业的竞争非常激烈，但人工智能、大数据等新兴领域对人才的需求依然旺盛。因此，小张决定将互联网公司作为自己的主攻方向，并在大四期间积极参与相关实习和项目。最终，他毕业后成功进入了一家心仪的互联网公司，获得了远超市场平均水平的薪资。这个选择无疑为他的职业生涯开了一个好头。

2. 投资理财

进行投资理财时，准确地判断经济形势对投资者而言至关重要，因为它可以帮助投资者规避盲目跟风带来的损失。经济形势的好坏会直接影响各类理财产品的表现，比如股票、债券、黄金等。当经济处于扩张期（表现为消费活跃、企业订单增加）时，企业盈利水平提升，投资者基于对公司业绩增长的乐观预期推动股价上行，股市整体呈现上涨趋势；而在经济衰退期（表现为需求萎缩、企业销售受阻），企业利润下滑甚至亏损，投资者因担忧未来收益而抛售股票，导致股价下跌，股市表现低迷。因此，了解政策导向和宏观经济指标，如 GDP（国内生产总值）增长率、失业率、通货膨胀率等，可以帮助投资者做出更加理性的投资决策。

例如，如果判断央行将施行宽松的货币政策，股市可能上涨，债券收益率可能下行，投资者可以适当增加股票和债券资产。反之，若预计经济将下行，投资者则需要降低风险资产的占比，转而投资更稳健的产品，如国债、货币市场基金等，以此来保障资产安全。

小王是一名年轻的投资者，当他考虑是否购买股票时，会密切关注宏观经济指标和市场动态。当他发现经济形势不佳，股市可能出现大幅波动时，会选择更加稳健的投资方式，如购买债券或定投指数基金，从而避免因市场出现较大的波动而带来的损失。

3. 创业

在创业过程中，保持对经济形势的高度敏感是取得成功的关键因素之一。创业者需要对经济形势和市场趋势保持高度关注，以便及时调整商业模式和战略，确保企业的可持续发展。经济周期的变化不仅会影响消费者的购买力，也会影响供应商的成本结构、竞争对手的行为模式等。因此，创业者在启动新项目前，应当深入研究行业的现状及未来发展趋势，评估潜在的风险和机遇，从而做出正确的选择。

从 2021 年开始，政府加强教育监管，严禁私人开展学科类补课活动。2023 年 10 月 15 日起实施的相关规定表明，无论是校外培训机构的大班课，还是隐蔽的小班制、一对一辅导，不管线上线下，只要涉及学科类有偿补课，均在禁止之列，违规者将面临法律制裁与高额罚款。在这种情况下，进入教育培训领域对创业者来说，就不是一个好的选择。

小周是一位在智能家居领域有着敏锐洞察力的企业家，他意识到，在经济衰退的大环境下，人们消费降级，智能家居领域的高端产品会遭到冷遇。于是，他迅速调整策略，转向开发性价比较高的小型智能设备，如智能插座和便携式智能健康监测器，这些产品因其实用性受到了消费者的青睐。

4. 生活决策

在做出决策之前准确判断形势是一项至关重要的技能。无论是在工作中考虑是否接受一个新项目，还是在生活中考虑是否选择一条新道路，我们只有准确地评估当前的情况和未来的趋势，才能够做出明智的选择。这不仅是收集信息那么简单，还涉及对信息的深度分析和对自我的明确认知。

例如，在面临影响职业生涯的重要决定（如是否跳槽）时，我们需要综合考量多个因素。这些因素包括但不限于新公司的企业文化、职业发展前景、薪资待遇，以及个人与团队的契合度等。通过综合考量这些因素，我们可以更好地了解自己能否适应新的工作环境，从而降低决策失误的风险。

同样地，在生活中做各项决策也要求我们具备敏锐的洞察力，如选择居住地、孩子的学校等。在选择居住地之前，该地区的安全状况、教育资源及交通便利性等，都是必不可少的考量因素。为孩子挑选学校时，理解不同教育体系的特点，并根据孩子的个性和兴趣来做出选择，是确保他们获得适宜学习环境的关键。

小宋是一位有五年工作经验的软件工程师，他最近收到了一家知名科技公司的工作邀请。在决定是否接受这份新工作前，他仔细研究了该公司的企业文化和工作氛围，同时也考虑了自己的职业规划和新职位的职业发展机会。此外，他还对比了两家公司的薪资福利，以及工作地点的变化对自己生活的影响。经过深思熟虑，小宋认为这份新工作不仅能提升自己的技术能力，还能为自己的职业生涯开辟新的可能性，因此决定接受这份新工作。

5. 人际关系

处理人际关系时，判断形势同样重要。无论是职场上的同事关系，还是日常生活中的亲友交往，准确了解对方的情绪状态和需求，可以帮助我们更好地和他人沟通，避免误会和冲突。

例如，在工作中遇到和同事意见不合的情况时，如果能够敏锐地感知到对方的情绪变化，就可以采取更加温和的方式表达自己的观点，以达成共识。再如，在家庭生活中，当家人因为某些事情感到焦虑不安时，我们应及时给予支持和安慰，而不是急于提出建议或批评。这样做往往能够更快地缓解对方的焦虑，增进彼此的理解和信任。不断地观察和学习，提高自己在各种情境下判断形势的能力，不仅有助于建立和谐的人际关系，还能提高个人的社会适应能力。

小陈是一名刚加入某知名企业不久的新员工。一天，他在准备一份重要的项目报告时注意到，平时总是面带微笑的李经理今天格外严肃，眉头紧锁，似乎心事重重。小陈意识到这可能是因为最近公司面临一些外部挑战，管理层压力比较大。因此，他在向李经理汇报工作进展时，特意强调了团队已经克服的技术难题以及接下来的具体计划，并且表达了对团队未来发展的信心。这种正面而有建设性的反馈让李经理眼前一亮，他不仅减轻了对这个项目的担忧，还十分欣赏小陈的专业能力和团队协作精神。最终，这份报告得到了上级的高度评价，小陈也因此获得了更多展示自己能力的机会。

综上所述，“形势”这一概念贯穿于我们的生活、工作乃至社会发展的各个层面。无论是职业规划、投资理财、创业经营，还是生活决策、人际交往，准确地判断和把握形势都至关重要。这不仅能够帮助我们规避风险、抓住机遇，还能让我们在复杂多变的环境中保持清醒，做出更加理智的选择。因此，敏锐的形势判断力不仅是现代社会个体生存发展的基本功，更是成就非凡事业、享受美好生活不可或缺的能力。

第二节

信息筛选与分析：如何快速筛选有用的信息

在这个数字化浪潮汹涌澎湃的时代，信息正以前所未有的速度和规模呈现在我们面前。当我们立志洞察社会或行业形势，以获取发展机遇或规避潜在风险时，信息便成为关键资源。然而，海量信息如同一座座迷宫，其中隐藏着无数真假难辨的内容。如何快速筛选出有用的信息，是我们亟待解决的重要课题。

1. 审视信息来源的权威性

权威机构、专业组织以及知名专家所发布的信息往往经过了严格的审核与深入的研究，其可信度相对较高。例如，政府部门发布的宏观经济数据、行业监管机构出台的政策法规解读、科研院所公布的科研成果报告等。这些信息往往由专业团队整理汇总，有着严格的审查流程，因此可信度很高。以经济形势分析为例，国家统计局发布的GDP 数据、CPI（居民消费价格指数）数据以及失业率等指标，是众多经济学家、企业决策者分析经济走势的重要依据。相比之下，个人博客、未经认证的社交媒体或地址不明的网站等发布的信息，其准确性和客观性难以保证。我们在信息筛选过程中应谨慎看待这类信息，避免被不实信息误导。

2. 考量信息的时效性

社会形势瞬息万变，信息的有效期也随之缩短。在快速发展的科技领域，技术突破、产品更新以及行业变革几乎每天都在发生。例如，在人工智能领域，关于新技术架构的研究成果可能在短短数月内就会被更新或超越。因此，我们在收集信息时，应优先关注那些近期发布且能够反映当下形势动态的信息。同时，对于一些具有参考价值的历史信息，也需结合当前的社会、经济、文化背景进行综合分析，以把握事物发展的脉络和趋势。过时的信息犹如过时的地图，可能会使我们在把握形势的道路上迷失方向，做出错误的判断和决策。

3. 评估信息的完整性和客观性

片面、主观或带有明显偏见的信息往往会扭曲事实真相，干扰我们对形势的准确判断。在商业竞争激烈的市场环境中，一家企业的信息可能会被竞争对手掐头去尾或恶意歪曲，因此，我们在获取信息时，应尽可能从多个渠道、多个角度进行收集，要对不同来源的信息进行比对。例如，在分析某一国际政治事件时，除了关注主流媒体的报道外，还可以参考不同国家、不同政治立场的媒体观点，以及国际组织、智库机构的分析评论，从而构建一个全面、客观的信息框架。只有在信息完整且客观的基础上，我们才能透过现象看本质，深入洞察形势背后的深层次原因和潜在影响。

4. 培养信息的逻辑分析能力

符合逻辑、因果关系清晰的信息更有可能接近事实。在信息传播过程中，一些虚假信息往往会存在逻辑漏洞或自相矛盾之处。例如，某条关于某热门股票即将大幅上涨的信息，如果该条信息仅仅基于一些模糊的传闻或毫无根据的预测，而缺乏对该公司基本情况、行业趋势以及市场环境的合理分析，那么这条信息的可信度就比较低。我们面对各类信息时，应运用逻辑思维工具，对信息的前提、分析过程以及结论进行深入剖析，判断其是否合理、是否具有内在一致性。通过逻辑分析，我们可以有效排除那些逻辑混乱、违背常理的信息的干扰，提高信息筛选的效率。

5. 结合自身需求和目标对信息进行定制化筛选

不同的个人或组织在洞察形势时有不同的关注点和目的。例如，投资者更关注与市场趋势、行业前景以及企业财务状况相关的信息，以便做出明智的投资决策；科研人员则更关注与科技前沿动态、技术创新突破以及学术研究成果相关的信息，以便为其科研工作提供灵感和参考。因此，我们在筛选信息时，应明确自己的需求和目标，确定相应的信息筛选标准和关键词，有针对性地收集和整理信息。这样不仅可以提高信息筛选的效率，还能够使我们获取的信息更具实用性和针对性，为我们在特定领域的发展提供有力支持。

在信息泛滥的互联网时代，掌握信息筛选与分析的能力，犹如在信息的浩瀚海洋中打造了一艘坚固的导航船。通过审视信息来源的权威性、考量信息的时效性、评估信息的完整性和客观性、培养逻辑分析能力以及结合自身需求进行定制化筛选，我们能够迅速识别出有用信息，拨开信息迷雾，精准洞察社会形势的发展变化。这不仅有助于我们在职业发展、投资理财等方面做出明智选择，更能够使我们在复杂多变的社会环境中保持敏锐的洞察力和前瞻性的思维，从而能够抓住机遇，实现个人价值与社会价值的最大化。

第三节

跟着大势走：看懂风向好使舵

在如今这个复杂多变且充满不确定性的时代，并非所有人都天生具备卓越的洞察力与良好的信息筛选能力，能够在变幻莫测的形势中看懂风向、抢占高地。对于大多数人，跟着大势走无疑是一种极具智慧且行之有效的策略。

所谓大势，乃是在特定历史时期内，社会整体所呈现出的一种主流发展趋向，它是众多因素相互交织、协同发力，最终汇聚而成的一股强大的宏观力量。这股力量如同汹涌澎湃、势不可挡的滔滔巨浪，携带着足以改变社会格局、重塑行业生态的磅礴能量，推动着各个领域持续演进与变革。虽然在一些人眼中，“随大溜”似乎意味着缺乏独立思考与自主判断的能力，但是在相对平稳、有序的社会环境以及特定的经济周期背景下，顺应大势往往能够为我们构筑一份难能可贵的安稳保障，让我们在狂风巨浪中寻得一处避风港。

从 20 世纪末到 21 世纪初的几十年间，随着城市化进程的不断加快，人口流动的规模越来越大，社会经济也处于高速增长的黄金时期，因此我国房地产市场宛若一颗耀眼的明星，迎来了一轮波澜壮阔、气势恢宏的上涨期。在这一时期，无论是怀揣着改善居住条件的朴素梦想的普通购房者，还是专业的投资者，都或少或多地嗅到了背后的巨大商机，他们都逐渐清晰且深刻地意识到，房产作为一种具有独特价值属性的重要资产，其潜在的增值空间不可估量。那些能够在当时及时且精准地捕捉到这一强劲趋势，并果断付诸行动的人，通过购置房产这一明智之举，如今不仅成功实现了家庭资产的保值与大幅增值，也为自己和家人构筑起了更加稳固的生活保障壁垒。

然而，时过境迁，如今的市场环境在诸多因素的共同作用下发生了根本性的转变。随着人口结构的深度变化、经济增速的换挡调整以及政策导向的重大变革，房地产市场面临着前所未有的挑战，房价也随之呈现出复杂的分化态势与走向。此时，有人如果不顾及市场趋势的逆转与变化，仍然盲目地投资房产，无疑是让自己置身于暗流涌动的险滩之中，将会面临巨大的风险与不确定性。这就是大势的影响。如果你觉得自己没有强大的洞察形势和筛选信息的能力，那么跟着大势走无疑是一种较为稳妥的方式。

然而，跟着大势走绝非等同于不假思索、盲目跟风的莽撞行为。它需要我们不断提升自身的观察力与敏感度，能够从纷繁复杂、令人眼花缭乱的社会现象中去伪存真、抽丝剥茧，准确无误地识别出那些真正具有深厚潜力和持续发展能力的趋势。这就要求我们不仅要密切关注当下的热点事件与流行趋势，更要深入探究其背后的深层次原因与内在逻辑。例如，技术创新的革命性突破如何为新趋势的诞生奠定坚实基础，社会需求的演变与升级如何为趋势的发展提供源源不断的动力源泉，以及政策法规的导向性调整如何对趋势产生至关重要的影响与约束等。我们只有对这些关键因素有全面、深入且透彻的理解与把握，才能够在趋势尚处于萌芽阶段时，就以敏锐如鹰隼的洞察力及时捕捉到它，并提前做好充分准备，有条不紊地顺势而为。

跟着大势走也并不意味着我们可以全然放弃自己的思考与判断，彻底沦为趋势的奴隶。在顺应大势的漫长过程中，我们依然需要依据自身的实际情况与最终目标，精心制订出合理、科学且有针对性的计划。例如，如果想投身短视频领域，就需要紧密结合自己的兴趣、特长、资源以及市场需求的动态变化，经过深思熟虑后确定适合自己的创作方向与切实可行的创作模式，避免因盲目模仿他人而落入同质化竞争的陷阱。

此外，尽管大势清晰可见，但真正将认知转化为行动并持之以恒者却寥寥无几。如今大家都知晓 IT 行业、人工智能领域蕴含着巨大的发展潜力与盈利空间，是未来发展的大势所趋。虽然每个人都能在各种媒体报道、行业分析中了解到这些领域的前景，但真正下定决心投身其中并持续深耕的人却是少数。很多人仅仅停留在对趋势的观望和感叹阶段，由于被各种困难和对风险的担忧所束缚，迟迟不敢迈出第一步。殊不知，在大势面前，“想”和“做”之间隔着一道鸿沟，若只是空想而不付诸实践，即便看清了大势，也无法收获其带来的红利。唯有勇于突破自我，将对趋势的洞察转化为果断的行动，并在实践中不断学习、调整和坚持，才能在时代浪潮中真正有所建树，实现个人价值与社会价值的最大化。

总之，对大多数人来讲，跟着大势走无疑是一种在复杂多变的社会环境中探寻发展机遇、实现人生突破的有效途径。它能够在我们尚未具备超强信息分析与形势判断能力的情况下，巧妙借助社会大势的磅礴力量，为我们开辟出一条通往成功的光明大道。但我们也应时刻牢记：趋势如同一条奔腾不息的河流，始终处于动态变化之中，只有坚持不懈地学习新知识、持续不断地观察新现象、深入透彻地思考新问题，才能真正看懂风向，灵活自如地使舵，在时代的汹涌浪潮中稳健前行，最终抵达成功的彼岸。

第四节

逻辑思考：把事情想明白再做决定

前三小节所探讨的观势、筛选信息以及普通人随着大势伺机而动，皆是为了洞察机遇，并在机遇来临时能够有所建树。然而，当机遇来临，真正能将其转化为成功的关键因素，往往是冷静且深入的逻辑思考。

近年来，股票市场中某些新兴概念股票的爆火令人瞩目。不少投资者被其短期内的巨大涨幅吸引，在未对公司基本面、所处行业竞争格局、宏观经济环境等进行深入探究的情况下，便不假思索地重仓买入。随着热度消退、业绩不及预期等情况的出现，其股价大幅回落，众多投资者只能无奈承受损失。这种仅凭一时冲动而盲目跟进的投资行为，恰似在没有地图指引的黑暗中摸索前行，碰壁在所难免。

所以，在我们决定有所行动之前，一定要进行有效的逻辑思考和全方位的评估。那么，究竟如何进行有效的逻辑思考呢？

1. 多维度信息挖掘

在信息收集阶段，我们不能仅仅满足于表层的、易得的信息。除了常规的网络搜索、查阅新闻报道之外，还应深入挖掘行业报告、专业论坛、政府公开数据等资源。例如，若打算涉足餐饮行业，不仅要关注热门餐饮品牌的宣传信息，更要深入研究行业的整体增长率、不同餐饮品类的市场饱和度、不同消费者群体的口味偏好等宏观与微观层面的信息。同时，也不能忽视目标餐饮企业的供应商稳定性、员工流失率、过往经营数据中的季节性波动等细节信息。前期进行多渠道、多维度的信息收集，才能构建起一个全面而立体的信息库，为我们后续的分析判断奠定坚实的基础。

2. 利弊双向剖析与风险矩阵构建

对收集到的海量信息进行分析时，需采用利弊双向剖析的方法。将信息分类为积极因素与消极因素，逐一罗列并评估其影响力权重。例如，一个创业项目，其创新的商业模式可能是积极因素，但资金需求大且融资渠道有限则是消极因素。在评估风险时，我们可以构建风险矩阵，将风险按照发生的可能性与影响程度进行分类。对于发生可能性高且影响程度显著的风险，如餐饮行业中的食品安全问题，需制订详细且严格的应对预案；对于发生可能性低但影响程度不明显的风险，如政策调整，要建立定期监测机制，做好风险预警提示。

3. 能力资源精准评估

在考量自身能力与资源和项目的匹配度时，要摒弃模糊的主观臆断，采用量化评估的方式，将自身的资金实力、专业技能水平、人脉资源等以量化指标呈现。例如，若计划开展跨境电商业务，需评估自己可用于运营的具体资金数额、是否具备外语沟通技能与国际贸易知识、在海外是否有可靠的物流合作伙伴或潜在客户资源等。根据这些量化指标，判断自己在该项目中的竞争优势与劣势，进而确定是否需要补充资源或调整项目规划。应确保自身资源能够支撑项目的启动与持续运营，避免项目进行到中途因资源枯竭而夭折。

4．目标动态调整

设定目标时，避免采用单一、僵化的设定方式，要采用分层级、动态调整的设定策略。以健身计划为例：设定短期目标为每周锻炼 3 次、每次锻炼 30 分钟以上；中期目标为在 3 个月内将体脂率降低 10%；长期目标为保持健康体态与良好运动习惯。在实施过程中，应根据身体状况、时间安排等因素的变化，及时调整锻炼强度、频率等计划内容。同样地，在商业项目中，也要依据市场变化、项目进展等，定期对目标进行回顾与调整，确保目标始终具有合理性与可实现性。

综上所述，在机遇与挑战并存的人生道路上，逻辑思考犹如一盏明灯，照亮了我们前行的道路。多维度信息挖掘、利弊双向剖析与风险矩阵构建、能力资源精准评估以及目标动态调整等方法，能够让我们进行有效的逻辑思考，做出更明智、理性的决定，从而稳步登上成功的巅峰，收获充实而有价值的人生。

第五节

情绪管理：冷静下来才能做出正确判断

在现代社会，人们往往将大量的精力倾注于智力的开发与知识的积累，却忽视了情绪稳定这一关键要素对个人全面发展的深远意义。我们在追求智慧增长和技能提升的道路上狂奔，期望凭借智慧和技能在竞争激烈的社会舞台上崭露头角，然而，不稳定的情绪犹如一颗隐藏在暗处的定时炸弹，随时可能炸毁我们精心构筑的生活与事业大厦。

情绪不稳定的人，其内心世界往往陷入持续的内耗。焦虑、愤怒、沮丧等负面情绪如同汹涌的潮水，不断冲击着心理防线，消耗着他们宝贵的心理能量，占用着有限的认知资源。在这种状态下，人们难以集中精力进行深入的思考与理性的判断，还极易在决策时陷入误区。例如，在面临职业选择的关键时刻，因对未来的不确定而产生的情绪波动（比如迷茫与困惑），可能会使当事人忽视自身的优势与长远的职业规划，跟风选择热门但并不适合自己的行业，这有可能导致其在未来的职业发展道路上举步维艰。

从人际关系的维度来看，情绪失控同样具有极大的破坏力。一个人被负面情绪主宰时，其言行往往会偏离理性的轨道，容易有意或无意地对周围的人造成伤害。在家庭生活中，因情绪管理能力欠佳而引发的持续性争吵与冲突可能会逐渐侵蚀家庭成员之间的信任度与亲密感；在工作中，一个人对同事或下属宣泄糟糕的情绪，不仅会破坏团队协作的和谐氛围，还可能影响个人的职业声誉与职级晋升。

在心理学领域，情商（情绪智力）被视为衡量个体心理健康与社会适应能力的重要指标。情商较高的人能够精准地感知自身情绪的微妙变化，在情绪失控边缘及时采取有效的调节策略，从而避免情绪失控导致的不良后果。他们往往善于运用积极的自我暗示、认知重构等心理技巧，将负面情绪转化为自己成长与进步的动力。例如，面对项目失败的挫折，情商高的人不会被沮丧和自责淹没，而是能够迅速调整心态，客观分析失败的原因，从中汲取经验教训，并以更加饱满的热情和坚定的信心投入到下一个项目中。

为了实现有效的情绪管理，我们可以借鉴以下方法。

1. 情绪觉察与记录

建立系统的情绪日记，详细记录情绪产生的时间、引发情绪的具体事件、当时的身体感受以及脑海中浮现的思维。这种自我监测的方式有助于提高个体对情绪的敏感度，深入了解情绪产生的内在机制与外在触发因素，从而能够在消极情绪初现端倪时及时察觉并干预。连续记录一段时间，我们便能够掌握自己在特定时间或特定情境下情绪波动的规律，进而有针对性地制订情绪调节计划。

2. 深呼吸与放松训练

情绪激动时，我们可以深呼吸，结合肌肉渐进性松弛的方法进行快速调节。具体来说，你需要找一个安静的环境，随后以舒适的姿势坐下或躺下，闭上眼睛，慢慢地吸气，使腹部隆起，感受气息充满整个肺部的感觉，然后缓缓地呼气，将体内的浊气全部吐出，重复这一过程 5 ～ 10 次。同时，按照从头到脚的顺序，依次紧绷和放松身体的各个肌肉群，认真体会肌肉紧张与放松时的不同感觉，排除杂念。这种方法能够有效地激活身体的副交感神经系统，降低生理唤醒水平，使情绪逐渐恢复平静。

3. 认知重构

产生情绪的瞬间，试着暂时从旁观者的视角审视一下自己的思维过程，思考是否是刻板思维与认知偏差导致了情绪波动。例如，我们被他人批评时，容易产生“我一无是处”“我是个失败者”等高度概念化、绝对化的思维。此时，应运用理性思维对这些负面认知进行修正，将其替换为更客观、更具建设性的想法，如“这次的批评指出了我在某个方面的不足，我可以借此机会补足短板”。积极进行认知重构练习，就能逐渐改变自我否定式的或其他负面的思维模式，从而建立积极乐观的认知方式。

4. 情绪表达与沟通

培养良好的情绪表达能力是构建良好人际关系的关键。与他人发生矛盾或冲突时，应该多用“我如何”的句式来表达自己的感受与需求，避免指责性的言辞。例如，“我感到很失望，因为你没有按时完成约定的任务，我希望我们能够探讨一下如何避免类似的情况再次发生”。同时，我们要耐心倾听他人的观点，了解他人的感受，积极寻求有效的方式来化解矛盾，这样才是有效的沟通，才能加深对彼此的信任。

希望我们能够通过以上方法不断提升情绪管理能力，做情绪的主人，实现个人健康成长，驶向幸福生活的彼岸。

第二章

观势之道——分析趋势，不做盲目跟风者

第一节

经济大势：了解宏观经济对个体的影响

在忙碌的生活中，大多数人更关注自身的小范围经济活动，如经营生意、规划理财等，而未深刻意识到宏观经济状况对个体的决定性影响。宏观经济状况如同一张无形的大网，将所有人的命运联系在了一起。那些认为个体可以超脱国家乃至全球经济大势的想法，无疑是幼稚且天真的。

事实上，每个人的经济活动都是历史宏大叙事体系中的细微一笔。个体无论是开一家小店，还是投资一个领域，都处于宏观经济的框架内，受宏观经济的影响与驱动。

国家宏观经济陷入困境或遭遇重大危机时，个人的努力在强大的经济逆流中往往显得苍白无力。以 2008 年全球金融危机为例，当时美国的次贷危机引发了金融市场的震动并迅速蔓延全球。许多国家的企业陷入订单骤减、资金链断裂的绝境。工厂停工、工人失业，那些平日经营稳健、口碑良好的企业，在这样的经济环境中也难以独善其身。原本繁荣的商业街内，不少店铺纷纷倒闭，商家即便使出浑身解数，如推出各种促销活动、延长营业时间等，也无法改变客流量少、销售额锐减的局面。在宏观经济的系统性危机下，市场整体需求崩塌，消费者信心受挫，信贷市场冻结，企业融资困难，这些因素共同形成了一股强大的破坏力，使个体的商业经营活动失去了赖以生存的土壤。

而当国家宏观经济处于上升时期，发展前景一片光明时，个体的发展就好比因风而起的风筝，抓住良机创造辉煌的例子不在少数。改革开放初期是一个充满激情和无限可能的时期，随着各种利好政策的出台，市场逐渐活跃起来。在制造业领域，各类工厂如雨后春笋般建立并发展起来，由于国内人口众多，劳动力成本相对较低，所以我们生产出的产品在国际市场上具有很强的竞争力。许多创业者凭借着敏锐的市场嗅觉，投身服装加工、电子产品制造等行业，从小作坊起步，逐步发展成规模庞大的集团。国际贸易行业也迎来了蓬勃的发展，很多人通过从事外贸代理、商品进出口等工作积累了巨额财富。国内的消费市场也在不断扩容，从传统的百货商店到新兴的超市、商场，商业业态不断创新，为创业者提供了丰富的机会。无论是餐饮、零售、娱乐，还是其他行业，只要敢于尝试，在这片经济繁荣的蓝天下分得一杯羹并不是难事。

既然宏观经济对个体的经济活动有着非常重要的影响，那么我们究竟该如何洞察经济大势呢？

1. 宏观经济指标是了解经济大势的重要窗口

GDP 是衡量一个国家经济总量和发展速度的关键指标。GDP 呈现高速增长态势时，意味着整个国家的生产、消费、投资等活动都处于活跃状态。例如，在 GDP 快速增长阶段，基础设施建设项目往往大量涌现，这将直接拉动建筑、钢铁、水泥、工程机械等多个行业的业务增长。相关企业会迎来订单的爆发式增长，这就需要大量的劳动力，从而降低了失业率，提高了居民收入水平。居民收入的增加又会带动消费类行业（如家电、汽车、旅游等）的发展。相反，如果GDP增速放缓甚至出现负增长，企业则需要收缩战线，减少投资和扩张，控制库存水平，以应对市场需求下降的状况。那么个体就应增加储蓄类财产的占比，合理消费，避免负债。

2. 利率水平对经济活动的影响不容小觑

利率直接关乎企业的融资成本和个体的消费信贷成本。在低利率环境下，企业能够以较低的成本获取资金，这将激发企业的投资热情。例如，房地产企业在低利率时期更容易获得银行贷款，从而有更多资金用于土地开发和房屋建设，推动房地产市场的繁荣。同时，对于个体，低利率会降低超前消费的成本，进而刺激个体的购房、购车等消费需求。然而，当利率上升时，企业的融资难度加大，财务成本上升，一些盈利能力较弱的企业可能会面临亏损甚至倒闭的风险。在高利率环境下，个体也会减少借贷消费，储蓄倾向增强。因此高利率会对房地产、汽车等大额消费市场产生抑制作用。

3. 通货膨胀率是一个关键的宏观经济指标

适度的通货膨胀（2%～3%）是经济健康发展的标志之一，它反映了市场需求的温和增长和经济的适度扩张。在这种情况下，企业的产品价格能够随着成本的上升而适度提高，利润空间得以维持甚至扩大。例如，通货膨胀适度时期，食品加工企业可以根据原材料价格的上涨调整产品售价，由于整体市场需求仍在增长，消费者对价格的适度上涨也有一定的承受能力，企业的销售额和利润可能并不会受到太大影响。但如果通货膨胀率太高，物价飞涨，就会引发一系列经济问题。相同数量的货币能够购买到的商品和服务大幅减少，所以消费者的购买力会迅速下降。企业则面临生产成本急剧上升的压力，如原材料采购成本、劳动力成本等不断攀升，而产品价格的上涨可能无法完全弥补增加的成本，这会导致企业利润被压缩，甚至出现亏损。严重的通货膨胀还可能引发社会动荡，扰乱宏观经济秩序。

4. 国家的财政政策和货币政策走向是洞察经济大势的重要依据

在财政政策方面，政府会通过税收政策和公共支出政策来调节经济。税收政策的调整直接影响企业和个人的税负水平。例如，政府出台税收减免政策，对小微企业来说，可以减轻其经营负担，增加企业的留存利润，这些利润可以用于企业的技术研发、设备更新或扩大生产规模，从而促进企业的发展，增加就业率。在公共支出政策方面，政府增加公共支出，如在教育、医疗、交通等基础设施建设方面加大投入，会带动相关产业的发展。以交通基础设施建设为例，高速公路、铁路、城市轨道交通等项目的建设，需要大量的建筑材料、机械设备，这会带动相关企业的发展，同时也会创造大量的就业机会。从短期来看，能够拉动经济增长；从长期来看，改善了地区的投资环境，有利于吸引更多的企业入驻，促进区域经济的可持续发展。

5. 央行调控货币供应量、存款准备金率等，会影响经济中的货币流通量和资金成本

央行增加货币供应量时，市场上的货币变得更加充裕，利率往往

会下降，这将刺激企业投资和居民消费。例如，央行通过在公开市场上购买国债等债券，增加市场流动性，使得企业更容易获得贷款，居民也更容易获得消费信贷。存款准备金率的调整则直接影响商业银行的可贷资金规模。降低存款准备金率，商业银行可用于放贷的资金增加，能够为企业和个人提供更多的信贷支持。再贴现率的变化会影响商业银行向央行融资的成本，进而影响商业银行的贷款利率水平。

6. 国际经济形势的变化对国内宏观经济的影响日益显著

在全球化的今天，国际贸易摩擦成为影响国内经济的重要因素。例如，中美之间的贸易争端，使大量从事中美贸易的企业面临订单减少、关税成本上升等问题。中国的一些出口型企业，尤其是那些依赖美国市场的制造业企业，如电子设备制造、家具制造等，不得不重新寻找市场或调整产品结构。汇率波动也是国际经济形势中的重要变量。对出口企业来说，本国货币贬值有利于提高产品在国际市场上的价格竞争力，因为同样的产品在以外国货币计价时价格相对较低，从而增加出口量；相反，本国货币升值则会削弱出口产品的竞争力。但对进口企业来说，货币升值意味着可以用相同的本币兑换更多的外币，从而降低进口成本。全球主要经济体（如美国、欧盟、日本等）的经济发展动态会对我国的宏观经济产生影响。例如，美国经济衰退时，其国内消费需求下降，会导致其他国家对美国的出口量减少，进而影响这些国家相关企业的生产和发展情况。

宏观经济与个体经济息息相关，如同大海与航船。个体如同航船，在宏观经济这片广阔无垠的大海中，只有准确把握大海的潮汐、风向等大势，才能顺利驶向成功的彼岸。因此，我们必须深入研究宏观经济，精准解读各种经济信号，从而在时代的经济浪潮中顺势而为，在个体经济活动中做出明智的决策，实现个人财富的保值、增值与事业的长远发展。

第二节

行业动态：观察哪些行业正在崛起

选择比努力更重要。在职业抉择的十字路口，这句话尤为重要。出身于同一所高校的毕业生，专业相同、成绩相近，可能因踏入不同行业，而书写出截然不同的人生篇章。

遥想当年，随着智能手机的普及与移动互联网技术的腾飞，移动应用开发行业迎来了它的黄金时代。彼时，市场对软件开发人才的需求呈井喷式增长，各类创新型的 App 如繁星般涌现。那些敏锐捕捉到这一趋势并投身其中的年轻人，无论是专注于游戏开发、社交软件打造还是电商 App 构建，都算是站在了时代的风口浪尖。他们凭借着自身的技术与超前思维，在这个新兴的行业里纵横驰骋。许多初创的小型开发团队，短短几年间便发展成为行业内知名的企业，其团队成员也因此收获了丰厚的物质回报与极高的社会声誉，实现了个人价值与财富的双丰收。

而与之形成鲜明对比的是传统胶卷相机行业。在数码影像技术的冲击下，胶卷相机逐渐被市场边缘化。尽管如此，仍有一些坚守者在传统胶卷相机的研发、生产与销售领域默默耕耘，他们付出了巨大的努力，试图延续胶卷相机昔日的辉煌。然而，大势所趋，整个行业的萎缩使他们的努力事倍功半。面对市场份额锐减、经营困境加剧等重重难题，他们的职业发展也受到了极大的限制，难以重现往昔的风光。

行业的兴衰交替如同四季的更迭变换，不可阻挡。选择一个蓬勃发展、充满潜力的行业，就如同登上一艘顺风扬帆的大船，能够借助行业发展的强大动力，驶向成功的远方；反之，若踏入一个日薄西山的行业，即便奋力划桨，也可能在时代的浪潮中被淹没。所以，在开启职业生涯之际，能否深入洞察行业的发展趋势，以敏锐的眼光和果敢的魄力做出正确的行业选择，是决定未来人生的高度与广度的关键之举，其重要性无论如何强调都不为过。

那么，我们究竟该如何判断一个行业的形势呢？

1. 关注宏观经济政策导向

政府出台的一系列政策往往对行业发展有着引领和规范作用。例如，近年来，为应对环境污染与能源危机，国家大力扶持新能源行业，出台了诸如财政补贴、税收优惠等政策，在这种政策导向下，新能源行业吸引了大量社会资本和人才流入。从太阳能、风能等发电企业，到电动汽车制造企业，整个产业链得到了快速发展和完善。相关企业在政策的东风下茁壮成长，不仅吸引了大量资本，还催生了众多就业与创业机会。反之，一些高污染、高能耗且不符合国家可持续发展战略的行业，则面临着政策限制与环保压力，发展空间逐渐萎缩。

2. 深入研究市场需求的变化趋势

社会的发展与消费者需求的演变直接决定了行业的兴衰。以大健康行业为例，随着生活水平的提高，人们对健康的关注度与日俱增，健康管理、医疗美容、营养保健等细分领域应运而生并迅速发展。消费者愿意为高品质的健康产品与服务买单，这促使该行业的市场规模不断扩大，企业发展前景广阔。而一些传统的、无法满足现代消费者多元化需求的行业，如部分传统零售业态，若不能及时在电商的冲击下转型升级，便只能在市场竞争中逐渐式微。

3. 考量行业的技术创新能力

科技创新是行业发展的核心驱动力。如今，人工智能、大数据等前沿技术正在重塑各行各业的面貌。那些能够积极拥抱新技术、将其深度融入自身业务模式的行业，往往能实现跨越式发展。比如，金融行业借助人工智能技术进行风险评估与智能投顾，提高了服务效率与预测精准度；制造业通过引入工业互联网、智能制造等技术，实现了生产流程的优化与自动化升级，增强了产品竞争力。相反，技术滞后的行业，容易陷入产品同质化、效率低下的困境，面临被淘汰的风险。

4. 分析行业竞争格局至关重要

了解行业内现有企业的数量、规模、市场份额分布情况以及竞争态势，有助于判断行业所处的发展阶段与拥有的潜在机会。一个行业在发展初期，往往呈现出企业数量较少、市场集中度低、竞争相对缓和的局面，此时新进入者较易获取市场份额，实现快速成长。而在成熟行业，如家电行业，市场份额多被少数巨头垄断，竞争激烈，新企业若想突围，必须具备独特的竞争优势或差异化的产品与服务。

5. 洞察行业的人才流动趋势同样不可忽视

一个行业若能吸引大量高素质人才涌入，往往意味着该行业具有良好的发展前景。例如，近年来，众多优秀人才从传统制造业流向新兴的科技行业与互联网行业，这反映出这些行业在创新活力、薪酬待遇、职业发展空间等方面更具优势；而人才流失严重的行业，则可能面临着发展瓶颈或内部管理问题，要谨慎踏入。

以下列举一些正在崛起的行业，希望能对大家有所帮助。

1. 新能源行业：绿色浪潮中的领军者

随着全球对环境保护和可持续发展的关注度日益提升，新能源行业正以前所未有的速度崛起。太阳能领域作为其中的重要分支，其技术不断创新。高效太阳能电池的技术进步使太阳能光伏发电的成本持续降低，越来越多的大规模太阳能发电站在全球各地建立起来。广袤的沙漠地区和工业厂房的屋顶，都成了太阳能发电的舞台。

风能行业同样发展迅猛。海上风电凭借其稳定且强劲的风力资源，逐渐成为风电发展的新热点。巨型海上风力发电机组不断刷新功率纪录，其单机容量可达 10 兆瓦以上。相关企业在风机制造、海上风电场建设与运维等环节持续投入，创造了大量的就业机会与巨大的商业价值。

此外，新能源汽车行业更是彻底改变了传统汽车行业的格局。以特斯拉为代表的电动汽车制造商，不仅在电池技术、自动驾驶技术上取得了重大突破，还推动了全球汽车产业链的重构。传统汽车巨头纷纷加大在电动汽车领域的研发与生产投入，新兴的电动汽车创业公司也不断涌现，与之配套的电池生产企业、充电桩制造商、汽车电子供应商等也迎来了爆发式增长。

2. 人工智能行业：智能时代的核心驱动力

人工智能无疑是当今科技领域最热门的话题之一，其应用场景几乎涵盖了生活的各个方面，催生出一个庞大且极具潜力的行业。

在医疗领域，人工智能辅助诊断系统能够快速分析医学影像，如 X 射线图像、CT 扫描等，帮助医生更精准地发现“病灶”，提高诊断效率和准确性。

金融行业也广泛应用人工智能技术开展风险评估、智能投顾等业务。人工智能算法可以通过分析海量的金融数据，预测市场趋势，为投资者提供个性化的投资建议，降低投资风险。

制造业中的“工业 4.0”概念更是离不开人工智能。智能机器人与自动化生产线相结合，实现了生产过程的智能化监控。这不仅提高了生产效率和产品质量，还降低了生产成本，提升了企业的竞争力。

3. 大健康行业：全民健康的底层需求

随着人们生活水平的提高和健康意识的觉醒，大健康行业迎来了黄金发展期。

健康管理服务登上舞台，进入增长期。专业的健康管理机构通过为客户提供个性化的体检套餐、健康评估、营养咨询、运动指导等服务，帮助人们预防疾病，提高生活质量。

医疗器械行业也在不断创新与升级。高端医疗器械如 MRI（核磁共振成像设备）、达·芬奇手术机器人等，代表着当今医疗技术的最高水平。同时，家用医疗器械市场也在日益扩大，血压计、血糖仪、家用制氧机等产品走进了人们的家中，方便人们随时进行健康监测。

此外，医药研发领域也在蓬勃发展。生物制药、靶向药物、基因治疗等新药物、新技术不断涌现，为攻克各种疑难杂症带来了希望。

4. 电商直播行业：消费新形态的崛起

互联网技术的发展和社交媒体的普及催生了电商直播这一全新的行业。

电商直播平台为商家和消费者搭建了一个实时互动平台。主播通过直播展示商品的特点、使用方法、优惠活动等信息，消费者可以在直播间直接下单购买。这种直观、便捷的购物方式深受消费者的喜爱。

电商直播行业的兴起带动了相关产业的发展，包括直播设备制造商、直播运营服务机构、网红孵化公司等。直播设备包括高清摄像头、专业麦克风、灯光设备等；直播运营服务机构则为商家提供直播策划、直播推广、数据分析等服务；网红孵化公司则致力于培养具有商业价值的网红主播。它们形成了一个完整的产业生态系统。

5. 医美行业：颜值经济的新宠

如今，人们对美的追求愈发强烈，医美行业顺势蓬勃发展。从面部整形到身体塑形，从皮肤美容到毛发移植，医美项目日益增多，能够满足不同消费者对美的个性化需求。

技术创新是医美行业发展的重要驱动力。非侵入式或微创的医美技术不断涌现，如激光美容、射频紧肤、注射填充等，这些技术在保证效果的同时，恢复时间较短，手术风险较低，吸引了更多消费者尝试医美项目。

消费群体的不断扩大为医美行业注入了强劲动力。医美以往主要面向高收入群体或特定职业人群。如今，随着消费观念的转变和医美价格的降低，越来越多的消费者开始涉足医美领域。当代年轻人是医美消费的主力军，他们对美的追求更为积极主动，且具有较强的消费能力和意愿。

同时，医美行业的产业链也在逐步完善。上游的医美产品研发生产企业不断推出新的药品、医疗器械和护肤品；中游的医美机构（如整形医院、美容诊所等）竞争激烈，不断提升服务质量和专业水平；下游的医美营销平台、医美培训学校等也在蓬勃发展，为医美行业的推广和人才培养提供了有力支撑。然而，医美行业也面临着诸如行业规范性不足、专业人才短缺等挑战，但这并不影响它整体呈现向上发展的趋势，医美行业未来仍有着广阔的发展空间。

深入了解以上行业的发展趋势、市场需求与竞争态势，能够帮助我们在经济发展的浪潮中抢占先机。

在风云变幻的商业世界中，行业形势瞬息万变。敏锐地观察哪些行业正在崛起，对投资者、创业者以及求职者而言都具有极为重要的意义。这些新兴行业不仅蕴含着无限的机遇，还预示着社会发展的趋势与方向。综合运用上述方法，深入剖析各行业的现状与未来发展趋势，才能在行业选择的十字路口做出明智的决策，踏上充满机遇与希望的职业发展之路，为个人的成功与社会的进步奠定坚实基础。

第三节

科技趋势：新技术带来的新机会

科技是第一生产力。在现代社会，科技的重要性不言而喻。从工业革命开始，科技就不断重塑着世界，极大地提高了生产力，彻底改变了人类的生产生活方式。当下，科技更是日新月异，一系列新技术如同一颗颗璀璨的星星，在各个领域熠熠生辉，它们所蕴含的巨大潜力正深刻地改变着世界的运行模式，同时也为人们带来了数不清的全新机遇。我们必须对科技趋势保持高度的敏感与关注，这样才能抓住机遇，创造传奇。

那么，这些新技术有哪些呢？

1. 量子计算技术

传统计算机基于二进制位进行运算，而量子计算机则依靠量子比特，量子比特的叠加态特性使其在处理复杂问题时，速度远超传统计算机。在药物研发领域，量子计算可以对分子结构展开极为精确的模拟分析，能够在短时间内从海量的化合物中筛选出具有潜在药用价值的成分，从而极大地加速新药研发的进程，有望将原本漫长的、数十年的研发周期大幅缩减至数年甚至更短。这不仅能够为制药企业节省巨额的研发资金，更重要的是能够让那些饱受病痛折磨的患者早日迎来治愈的希望。在金融领域，量子计算可用于对海量金融数据进行深度分析，从而实现更为精准的风险评估与投资组合优化，敏锐地预测市场的波动趋势，帮助投资者做出明智的决策，进而在激烈的金融竞争中抢占先机，收获更丰厚的回报。

想要涉足量子计算行业，首先要具备深厚的数学、物理和计算机科学知识。相关专业，如量子物理学、计算机科学与技术等专业的高等教育背景是进入该领域的敲门砖。在学习过程中，要注重对量子算法、量子信息理论等核心知识的钻研。在实践方面，要积极参与科研机构或科技企业的量子计算项目，在积累实际操作经验的同时，了解行业的前沿研究方向。例如，一些大型科技公司已经开放了量子计算的云平台，可供初学者进行初步的算法实践和探索，这有助于促进人们对量子计算的进一步了解，为未来在该领域的深入发展奠定坚实的基础。

2. 基因编辑技术

以 CRISPR-Cas9 为代表的基因编辑工具宛如一把神奇的“分子剪刀”，能够对生物体内的基因进行精准的编辑操作。在农业领域，科学家们借助基因编辑技术，可以培育出具备更强的抗病虫害能力、更高产量以及营养价值更丰富的农作物。例如，利用基因编辑技术，让水稻等农作物在盐碱地等原本不适宜其生长的恶劣环境中茁壮成长，这无疑对全球粮食安全问题的解决具有不可估量的重要意义。在医疗领域，基因编辑技术为攻克众多遗传性疾病带来了曙光。它能够直接对致病基因进行修复或改造，从根源上治疗诸如囊性纤维化、镰状细胞贫血等单基因遗传病。未来，人类有望利用基因编辑技术对癌症发起强有力的挑战，为癌症患者带来生的希望。

若有志于投身基因编辑行业，生物学、遗传学、生物化学等相关专业的知识是必不可少的。在理论学习阶段，要深入研究基因工程原理、分子生物学技术等课程内容，掌握基因编辑实验的基本操作技能，如基因克隆、基因测序等。在实践阶段，可以参与高校或科研机构的基因编辑科研项目，积累实验数据处理和分析的经验。同时，还要关注基因编辑技术在农业和医疗领域的转化应用，了解相关法规政策和伦理规范。因为基因编辑涉及人类健康和生物安全等重大问题，所以合规是行业发展的前提，熟悉这些方面的知识有助于在基因编辑技术的开发和产业化进程中找到自己的职业定位。

3. 物联网技术

物联网技术的兴起让我们迎来了万物互联的智能新时代。互联网将形形色色的设备紧密相连，实现了智能化的交互与控制功能。在智能家居方面，我们只需借助手机应用程序，就能轻松地远程控制家中的电灯、空调、电饭煲等的开关，家居生活变得更加便捷、舒适且节能高效。比如，在下班归家途中，我们可以提前开启空调并设定好适宜的温度，或者随时远程查看家中摄像头拍摄的画面，确保家庭环境的安全。在工业制造领域，物联网构建起的智能工厂更是展现出了无与伦比的优势，它能够实现生产设备之间的高效互联互通与自动化协同作业。生产线上的每一台机器都可以实时监测自身的运行状态，并将相关数据迅速传输给中央控制系统。一旦系统监测到任何故障，便能立即自动安排维修任务并及时调整生产计划，这不仅极大地提高了生产效率、降低了生产成本，还显著提升了产品质量的稳定性。

对于想要进入物联网行业的人，电子信息工程、通信工程、计算机科学等专业背景能提供良好的支撑。另外，还要学习物联网体系架构、无线传感器网络、嵌入式系统开发等专业课程，掌握物联网设备的硬件设计与软件开发技术。在实践阶段，可以从参与简单的物联网项目入手，如智能家居系统的搭建，了解从传感器数据采集到数据传输、处理以及应用端开发的全流程。同时，要关注物联网行业的标准制定和安全问题，因为随着物联网设备的大量接入，数据安全和设备兼容性成为行业发展的关键。具备物联网安全防护知识和对行业标准的深入理解，能够在物联网系统集成、平台开发、安全保障等领域找到合适的职业发展方向，为打造更智能、更安全的物联网生态贡献力量。

4. 虚拟现实（VR）与增强现实（AR）技术

虚拟现实技术能够创建出令人身临其境的沉浸式虚拟环境，在游戏、影视娱乐以及教育培训等诸多领域引发了深刻的革命。在游戏世界，玩家仿佛置身于游戏场景之中，能够与虚拟角色和环境进行极为真实的互动，这种前所未有的游戏体验受到了无数玩家的狂热追捧。在教育培训领域，虚拟现实技术可以生动地模拟各种危险或难以在现实中实现的实验场景，比如化学实验中的爆炸场景模拟、航空航天领域的太空行走训练模拟等，让学生以更加直观、安全且高效的方式学习知识与技能，极大地提升了教育培训的效果与质量。增强现实技术则是将虚拟信息巧妙地叠加在现实世界之上。在建筑设计领域，设计师可以借助增强现实技术在实际场景中展示设计方案，让客户能够更加直观地感受建筑建成后的效果，便于及时进行设计调整与优化。在旅游行业，游客可以通过 AR 导览应用程序，在参观历史古迹时感受古迹曾经的辉煌壮丽，极大地优化了游客的旅游体验。

想要在 VR 或 AR 行业有所建树，需要掌握计算机图形学、人机交互、数字媒体技术等多方面的知识。相关专业如数字媒体艺术、软件工程（VR 或 AR 方向）等能提供系统的学习路径。在学习过程中，要注重培养 3D 建模、动画制作、虚拟现实引擎开发等技能。在实践阶段，可以参与 VR 或 AR 内容创作项目，如开发一款 VR 游戏或 AR 教育应用程序。还要了解不同行业对 VR 或 AR 技术的需求特点，例如医疗行业对 VR 手术模拟的精准性要求、工业领域对 AR 辅助装配的交互性需求等。积累不同应用场景下的项目经验，有利于在 VR 或 AR 行业的内容创作、技术开发、产品设计等方面找到适合自己的发展方向，推动 VR 或 AR 技术在不同领域的广泛应用。

5. 区块链技术

区块链技术的去中心化、防篡改和可追溯等特性，使其在金融、物流、数字版权等多个重要领域得到广泛应用。在金融领域，区块链技术能够实现跨境支付的快速、低成本结算，去除传统支付体系中的中间环节，大幅提高交易的效率和透明度。例如，以往需要耗费数天才能完成的国际汇款业务，如今借助区块链技术，仅需几分钟即可到账，且手续费也显著降低。在供应链管理方面，区块链可以全程详细记录商品的生产、运输、销售等各个环节的信息，消费者只需通过简单的扫码操作，就能查询到商品的具体来源与流转过程，这不仅有效防止了假冒伪劣产品流入市场，保障了消费者的合法权益，同时也使企业能够更好地管理供应链，优化库存管理与物流配送流程，提高运营效率与经济效益。在版权保护领域，创作者的作品一旦在区块链上进行登记，其创作时间、具体内容等关键信息将被永久记录且无法篡改，这能够为版权归属提供极具法律效力的证明，有效维护创作者的合法权益，激发创作者的创作热情与创新动力。

若想踏入区块链行业，就要对区块链的技术原理，如分布式账本、加密算法、智能合约等有深入的理解。计算机科学、密码学、金融学等专业背景有助于学习区块链知识。在学习过程中，可以参与开源区块链项目，深入了解区块链的底层架构和开发流程。在实践阶段，要关注区块链在不同行业的应用案例，如金融领域的数字货币交易平台开发、供应链领域的溯源系统搭建等。同时，由于区块链行业处于快速发展且监管逐渐完善的阶段，及时了解相关政策法规和行业标准，有助于在区块链技术研发、应用推广、合规审计等方面找准职业切入点，在这个新兴且充满潜力的领域开拓自己的事业版图。

这些蓬勃发展的新技术如同强劲的引擎，正驱动着人类社会加速迈向更加美好的未来，它们为创业者、投资者、科研人员以及各行各业的从业者打造了一片广阔无垠的蓝海。只要我们能够时刻保持敏锐的洞察力，精准地捕捉这些技术领域的发展趋势，积极探索、敢于实践，就一定能够在新技术带来的汹涌浪潮中牢牢把握宝贵的机遇，实现个人价值的最大化，书写属于我们这个时代的辉煌篇章。

第四节

社会变化：人们的生活方式在变

如今，经济和科技的发展深刻影响着人们生活的方方面面，人们生活方式的转变尤为引人注目且意义深远。这一变化不仅重塑了人们的日常行为与价值取向，更对各类产业和社会文化产生了颠覆性的冲击与重塑。

诺基亚曾经在手机行业占据着无可撼动的霸主地位。然而，随着科技的飞速发展，智能手机逐渐崭露头角。面对这一新兴趋势，诺基亚未能及时进行有效的战略转型。或许由于对传统手机按键模式的过度执着，又或许由于对触屏技术前景的误判，诺基亚在这场技术变革的浪潮中逐渐失去了优势。曾经辉煌一时的诺基亚公司，在短短数年之间，市场份额急剧萎缩，品牌影响力也大幅下滑，最终从手机行业的巅峰跌落谷底，被后来居上的苹果、安卓手机取代。这一案例生动而深刻地揭示了社会变化的残酷性与不可抗拒性。在社会变革的洪流之中，即使是曾经辉煌一时的商业巨头，若不能敏锐地捕捉生活方式变化带来的市场需求转变，并及时调整自身战略，也难逃被淘汰的命运。

现代社会，人们的生活方式在各个方面都发生了不小的变化。

1. 从消费习惯来看，线上购物已经成为主流消费模式之一

便捷的电商平台让消费者足不出户就能浏览全球商品，轻松下单购买。线上购物的流行，使传统实体零售业面临巨大挑战。那些能够及时开拓线上渠道、融合线上线下优势的零售商，如一些推出线上下单、线下配送或自提服务模式的大型超市，才能在激烈的市场竞争中生存并发展；而那些故步自封、坚守传统零售模式的商家，其市场份额会逐渐降低，慢慢陷入经营困境。

2. 人们的出行方式也发生了翻天覆地的变化

共享出行服务，如滴滴出行等平台的兴起，改变了人们的出行习惯。人们出行不再仅仅依赖私人汽车或传统出租车，而是可以根据出行需求灵活选择网约车、共享单车或共享电动车等多种出行方式。这不仅提高了出行效率，降低了出行成本，还对城市交通和环境保护产生了积极影响。此外，新能源汽车日益被人们熟知，随着人们环保意识的增强和对可再生能源的关注，电动汽车逐渐成为未来出行的重要方式。传统燃油汽车制造商若不能加快技术转型，将在未来的市场竞争中处于劣势。

3. 在社会文化层面，性别平等观念日益深入人心，悄然改变着产品与服务的供给方式和宣传导向

一些带有明显性别刻板印象的产品和广告逐渐失去消费者的喜爱。某些以女性为主要消费对象的美容产品广告，不再局限于强调女性变美是为了取悦男性，而是更多地关注女性自身的价值，如发扬个性、展现自信和独立的精神。在职场，越来越多的女性打破传统性别意识的壁垒，涉足以往由男性主导的行业，如技术、工程等领域。企业在招聘、培训和提拔员工时也更加注重性别平等，以适应这一趋势。

4. 追求健康的生活方式成为一种风尚

人们对饮食健康、运动健身和心理健康的关注度不断提高。有机食品、低糖低脂食品的市场需求持续增长，各类健身俱乐部、运动类App如雨后春笋般涌现，心理咨询和治疗服务也逐渐被大众熟知。这促使相关产业不断创新和发展，如健康食品的研发生产、健身器材的制造销售、心理健康服务的优化升级等。

那么，我们该如何敏锐地发现社会变化并使其为我们所用呢？

1. 广泛获取信息

关注各类新闻资讯、行业报告、社交媒体热点话题等。新闻媒体主要报道社会各个层面最新的事件，从政策法规的调整到新兴潮流的兴起，都离不开媒体的传播；行业报告则聚焦特定领域的发展趋势、市场数据和消费者洞察；社交媒体热点往往能快速反映大众当下的关注点和兴趣偏好。例如，若从事时尚行业，通过了解社交媒体上时尚

博主展示的穿搭风格、用户对不同风格的讨论热度，就能捕捉到时尚潮流的走向，从而提前布局产品设计与营销策略。

2. 积极参与不同群体的社交活动

年轻人可能更容易接受和传播新的科技产品与生活理念，老一辈则往往更倾向于坚守传统生活方式及其背后的理念。不同职业群体面临不同的工作场景和需求，其生活方式也会有所差异。比如，与健身教练交流能了解健身爱好者对运动装备、健身课程的需求变化，与程序员交流则可能知晓科技圈对新技术的探索与尝试。这些信息都有助于我们发现社会变化的新趋势。

3. 进行自我反思与对比分析

定期回顾自己的生活习惯、消费行为等在一段时间内是否发生了改变，思考改变的原因是个人偏好的变化还是受到外部环境的影响。同时，对比不同地区、不同阶层的生活方式差异。例如，观察一线城市与三线城市居民在休闲娱乐方式上的不同，高薪阶层与普通工薪阶层在教育投资、旅游消费等方面的区别。我们在这种对比中，可以挖掘出社会新变化在不同群体间的表现形式和其带来的潜在机会。

4. 勇于尝试新事物

无论是新的手机 App、新兴的购物方式还是新型的出行服务，只有亲身体验，才能深入了解其背后所代表的社会需求变化。例如，尝试共享办公空间，感受这种新型办公模式是如何满足自由职业者、创业团队在灵活办公、资源共享、社交拓展等方面的需求的，进而思考是否能在相关配套服务领域开展新的业务或创新服务方式。

社会在持续变化，人们的生活方式也在不断改变。只有敏锐地感知这些变化，深入地理解其内涵，并将其纳入个人发展规划、企业战略决策的影响因素中，我们才能在这瞬息万变的时代中顺势而为，驾驭变化，创造属于自己的辉煌。

第五节

政策风向：政策导向意味着什么

在当今社会的复杂运行体系中，政策犹如一座灯塔，在迷雾重重的市场海洋里为各类经济主体照亮了前行的道路，其意义深远且重大，深刻地影响着社会发展的方方面面以及个体的命运走向。

1. 政府政策对经济领域的调控作用尤为突出

以货币政策为例，央行下调银行利率的举措绝非孤立的金融操作，而是对社会各个层面都有着广泛而深刻的影响。对企业而言，较低的利率意味着融资成本的降低。那些有着扩张计划、需要大量资金投入研发、扩大生产规模或进行技术升级的企业，此时便迎来了绝佳的发展机遇。它们能够以更优惠的条件从银行获取贷款，从而加速企业的成长步伐，增强其市场竞争力，创造更多的就业机会并推动相关产业的繁荣发展。例如，制造业企业可以利用低成本资金购置先进的生产设备，提高生产效率和产品质量；科技企业则能够加大在研发创新方面的投入，加速科技成果的转化和新产品的推出。对普通消费者来说，利率下调会促使其储蓄意愿下降，消费和投资意愿增强。一方面，消费者可能会更倾向于贷款购买房产、汽车等大额消费品，从而刺激房地产和汽车行业的市场需求；另一方面，也会有更多资金流入股票、基金等资本市场，推动金融市场的活跃度提升，进而影响社会的消费和投资结构，带动经济模式的转变。

2. 财政政策是政府调控经济的重要手段

政府常常通过税收政策和财政支出计划来引导资源的合理配置，扶持特定行业的发展。例如，为了推动新能源产业的崛起，政府可能会给予新能源企业一系列税收优惠政策，如减免企业所得税、增值税等，同时加大对新能源研发项目的财政补贴力度。这能够减轻新能源企业发展初期的资金压力，使其集中更多资源用于技术研发和市场拓展。在这种政策的影响下，新能源行业吸引了大量的社会资本和人才流入，从太阳能、风能发电企业到电动汽车制造商等，整个产业链得到了快速发展和完善，这不仅降低了人们对传统化石能源的依赖，推动了能源结构的转型，还为全球应对气候变化贡献了力量。而对于传统的高污染、高能耗行业，政府则可能会通过提高税收标准、加强环保监管等政策手段，促使其进行转型升级或逐步退出市场，以实现经济的可持续发展和生态环境的改善。

3. 政府政策在社会民生领域发挥着不可或缺的引导作用

教育政策影响着人才培养的方向和质量。近年来，政府不断加大教育资源的投入，以推动教育公平、教育普及以及教育方式的创新改革，鼓励发展职业教育、在线教育等，旨在培养适应新时代发展需求的多元化人才。这为个人提供了更多接受教育和提升技能的机会，也为企业提供了不同层次、不同专业领域的人力资源保障，从而提升了整个社会的创新能力和生产力水平。在医疗政策方面，政府致力于完善医疗保障体系、推动医疗卫生体制改革、鼓励医药研发创新等，目的在于提高全民的健康水平，减轻居民的医疗负担，使人们能够享受到更优质、更便捷的医疗服务。这不仅关乎每一个公民的福祉，也对整个社会的稳定和谐发展有着深远的影响。

那么，社会经济活动中的企业或个体，如何敏锐地察觉政策风向并及时做出响应呢？

1. 密切关注官方渠道发布的信息

政府部门通常会通过官方网站、新闻发布会、政府工作报告等途径公布各类政策法规、规划文件以及统计数据等信息。例如，国家发展和改革委员会的网站会发布有关宏观经济政策解读、重大项目审批情况以及产业发展规划等内容；财政部网站则会公布财政预算、税收政策调整等信息。企业和个人应养成定期浏览这些官方渠道信息的习惯，深入研究政策文件的细节和内涵，准确把握政策导向和国家重点扶持领域。

2. 深入分析行业研究报告和专家解读

许多专业的市场研究机构、行业协会和经济专家会对政府政策进行深入分析和解读，并发布相关的研究报告和评论文章。这些报告和解读往往能够从更专业、更权威的角度剖析政策对特定行业的影响机制、潜在机遇和挑战。例如，在新能源汽车相关政策出台后，汽车行业研究机构会详细分析政策对新能源汽车整车制造企业、电池供应商、充电桩运营商等不同环节的具体影响，并预测未来市场规模和竞争格局的变化趋势。企业和个人可以订阅这些行业的研究报告，关注知名经济专家的社交媒体账号或参加相关的政策解读研讨会，借助专业力量加深对政策的理解和认识。

3. 用心观察市场动态和行业趋势变化

政府政策的导向往往会在市场动态和行业发展趋势中得到直接或间接的反映。政府加大对某一行业的扶持力度时，该行业通常会出现投资热度上升、企业数量增加、市场规模快速扩张等现象。例如，在人工智能政策利好的推动下，人工智能领域的创业公司大量涌现，相关人才需求急剧增长，资本市场对人工智能项目的投资也异常活跃。企业和个人可以通过观察如行业展会的规模和热度、招聘市场的人才需求结构变化、资本市场的投资流向等信号，推断政府政策的风向，并提前布局相应的业务领域或调整自身的职业发展规划。

4. 积极参与行业协会和社会组织活动

行业协会和社会组织在政府与企业之间起着桥梁和纽带的作用，它们不仅能够及时向企业传达政策信息，还能收集企业的意见和建议反馈给政府部门。企业加入相关行业协会后，可以参加协会组织的培训活动、研讨会、座谈会等，与同行企业交流互动，分享对政策的理解和应对经验，同时也能够直接从协会获取第一手的政策解读资料和行业发展指导意见。个人也可以参与一些与自身职业发展相关的社会组织活动，如专业技术协会、创业者俱乐部等，拓宽人脉资源，了解行业动态和政策信息，提升自身对政策变化的敏感度和应对能力。

综上所述，政策是社会经济发展的重要指引，它蕴含着丰富的信息和巨大的机遇。无论是企业在制定战略规划、做出投资决策时，还是个人在规划职业发展路径、进行投资理财选择时，都应高度重视政策的变化，通过多种途径深入研究和解读政策内涵，敏锐捕捉政策带来的机遇与挑战，并及时做出科学合理的应对措施，从而在政策的引领下，实现自身的可持续发展，并为社会经济的繁荣贡献力量。

第三章

造势开局
——主动创造机会

第一节

找准自己的位置：知道自己是什么、要什么

在人生的漫漫长河中，我们犹如在茫茫大海上航行的船只，清晰地认识自己、找准自我定位是抵达成功彼岸的关键所在。我们每个人在开启一项事业、追求一个目标之前，都需要对自身有清晰且深刻的认识，明确自己是什么样的人，真正想要的又是什么。

1. 从职业发展的维度来看，清晰的自我定位犹如灯塔，为我们指引前行的方向

以即将毕业的大学生为例，在面临众多职业选择时，只有静下心来剖析自己的优势与劣势，才能做出明智的抉择。若擅长逻辑思维与数据分析，且对数字有着浓厚的兴趣，那么投身金融行业或应聘数据分析师岗位，或许能让自己的才能得以充分施展；若富有创意与艺术灵感，热爱与人沟通并擅长表达，那么广告、传媒或艺术设计领域可能会成为自己发光发热的舞台。然而，在现实生活中，许多人在职业选择初期往往盲目跟风，仅仅因为某个行业当下较为热门、薪资待遇

优厚，便不假思索地进入，全然不顾自身是否具备相应的能力与兴趣。这种缺乏自我定位的盲目行为，可能导致自己在日后工作中频繁遭遇挫折，陷入职业倦怠的泥沼，难以在职业生涯中取得有意义的成就。

2. 在人际关系的构建方面，明确自身定位很重要

我们需要清楚自己在不同人际关系中的角色与价值。比如，在家庭中，我们可能是子女、父母、兄弟姐妹，每一种角色都承担着特定的责任与义务，只有明晰这些，才能构建和谐美满的家庭关系。作为子女，要懂得感恩与孝顺，关心父母的身心健康；作为父母，则需承担起养育子女的重任，为他们提供良好的成长环境与正确的人生引导。在朋友关系里，我们可能是倾听者、陪伴者或引领者，了解自己的角色定位有助于建立真挚深厚的友谊。倘若一个人在与朋友的相处中总是过度以自我为中心，只知索取而不懂付出，那么这段友谊必然难以长久维系。

3. 在追求个人梦想与生活目标的道路上，清晰的自我认知是重中之重

我们要深入挖掘自己内心深处的渴望，确定自己真正想要追求的东西。这需要我们把外界的期望与自身的需求区分开。外界常常会给我们灌输各种成功的标准，如拥有高额收入、宽敞的房子、豪华的汽车等，但这些并不一定是我们内心真正渴望的。有些人更注重精神层面的富足，热爱积累知识、创作艺术或探索未知世界；有些人则可能将家庭幸福、身体健康视为人生的首要目标。只有明确了自己的核心需求，我们才能制订出符合自己价值观的人生规划，并在追求目标的

过程中保持坚定的信念与持久的动力。

那么，我们该如何认识自己并进行精准的自我定位呢？以下几个方法可供参考。

1. 自我剖析与深度内省

运用专业的性格测评工具，如迈尔斯－布里格斯类型指标（MBTI）、DISC个性测试等，全面且深入地了解自己的性格特质、行为模式和内在驱动力。结合霍兰德职业兴趣测评，明确自身的兴趣倾向，是偏向于艺术创造型、社会服务型、研究探索型，还是其他类型。同时，回顾过往经历，尤其是那些具有代表性的重大事件或项目经历，细致分析自己在其中展现出的能力优势与不足之处。例如，在完成一个团队项目时，若你总是能够迅速梳理复杂的任务流程，合理分配工作任务给团队成员，并有效协调各方资源以确保项目顺利推进，这就表明你具备较强的项目管理与组织协调能力，在职业规划中可着重关注项目经理、运营管理等相关岗位。

2. 构建多元的反馈网络

主动与身边不同角色的人建立起完善的沟通反馈机制。除了家人和朋友，职场中的领导、同事以及行业内的导师或前辈也要重视起来。在与他们交流时，尽量采用结构化的谈话方式。例如，请他们列举你在工作中最突出的三项优点和三项有待提升的能力，并提供具体的事例说明。领导能够从团队管理和业务成果的角度进行评价，如评价你在高压工作环境中的决策能力和在跨部门合作中的沟通技巧等；同事则可以从日常协作的细节出发，指出你在团队协作中的优势和不足。

你需要将这些来自多方面的反馈信息进行整合分析，绘制出一幅全面且客观的个人能力画像，从而精准看待自己在职业社交与工作场景中的真实状态与发展潜力。

3. 多维度的实践探索与试错

积极参与各类行业研讨会、专业论坛以及线上的知识社群，与行业前沿的思想和动态保持紧密接触，从中发现新兴的行业趋势与潜在的职业机会。同时，可以利用业余时间参加专业技能培训课程，如 Python 编程、数据分析、设计软件操作等，系统学习并掌握新的技能，合理利用工具，拓宽自己的职业技能边界。另外，要积极投身项目实践或兼职工作，如参与开源项目、承接小型的外包业务等，在真实的项目环境中检验自己所学的知识与技能，感受不同工作内容所带来的挑战与成就感。以市场营销从业者为例，若对数字化营销领域感兴趣，可以先参加相关的线上课程，学习社交媒体营销、搜索引擎优化等技能，然后参与一些初创企业的兼职营销项目，在实践中了解不同行业的市场需求与营销痛点，进而确定自己在细分领域中的擅长方向，如内容营销、社群运营等。

4. 动态的自我评估与职业发展战略调整

设定周期性的自我评估时间节点，如每半年或一年进行一次全面的个人职业发展情况复盘。另外，还要关注行业的宏观发展趋势与微观技术变革，通过阅读行业研究报告、关注专业媒体资讯、参加行业展会等方式，及时掌握行业的动态信息。例如，在人工智能技术快速发展的当下，传统金融行业从业者需要评估自身的金融知识体系与新兴的人工智能技术（如机器学习算法、智能风控模型等）的结合点，思考如何通过学习相关技术实现职业转型或拓展新的业务领域。我们要根据自我评估结果与行业趋势变化，制订灵活的职业发展战略调整计划，包括短期的技能提升计划、中期的岗位转型目标和长期的职业愿景规划，确保自己在不断变化的环境中始终保持竞争力，持续向着个人价值最大化的方向迈进。

找准自己的位置无法一蹴而就，而是要通过专业方法逐步探索、持续优化。我们通过以上步骤的深入实践与反复锤炼，能够更加清晰地明确自己的核心价值与职业定位，从而在人生的舞台上找到属于自己的聚光灯，演绎出精彩且富有意义的职业生涯篇章。

找准自己的位置，明确自己是什么、要什么，是一个贯穿人生的课题。在这个过程中，我们需要不断地探索、反思、调整，以确保自己始终走在正确的轨道上，向着正确的目标迈进，这样才能实现个人价值的最大化，收获充实而有意义的人生。

第二节

把资源用起来：打好手中每一张牌

人生如牌局，从呱呱坠地的那一刻起，每个人手中所握的牌便已注定不同。有些人仿佛是命运的宠儿，出身于富贵之家，拥有优渥的物质条件、良好的教育资源和充足的人脉资源，可谓抓到了一手令人艳羡的“好牌”。他们在成长过程中，能够轻易获得各种机会，如接受顶尖的教育、拥有开阔的视野等，似乎成功的道路已经在他们脚下铺就。然而，也有一些人，他们出身于贫寒的家庭，成长环境艰苦，缺乏物质支持和社会资源，他们手中的牌似乎毫无优势，仿佛是命运随意给出的一手“烂牌”。

那么，是不是抓到一手“好牌”的人就能一飞冲天，而抓到一手“烂牌”的人就无力回天呢？答案是否定的。牌局的胜负并非完全取决于起始牌的好坏，而是取决于打牌者如何出牌。

古往今来，这样的例子数不胜数。有些含着金汤匙出生的富家子弟，拥有先天优势，却因沉迷享乐、不思进取，最终挥霍掉家族的财富与声誉，落得个身败名裂、穷困潦倒的下场。相反，许多出身平凡的人，凭借着坚定的信念、不懈的努力和对机遇的敏锐把握，实现了人生的逆袭，例如宋濂，出身贫寒，连书都买不起，只能抄书自学，却凭借自己坚韧不拔的毅力，成为著名的政治家和文学家。

那些抓到一手“好牌”的人，更应珍惜手中的资源，善加利用，成就非凡人生。首先，要有明确的目标与规划。不能因眼前的安逸与富足而迷失方向，而应依据自身的优势和兴趣，设定长远的人生目标，并将其分解为一个个可操作的阶段性计划。例如，若对商业有浓厚兴趣且具备相关资源，便可以制订详细的创业计划，从市场调研、产品定位到团队组建、营销策略等方面进行全面规划，有条不紊地开拓自己的商业版图。其次，要保持谦逊的学习态度。尽管拥有良好的起点，但世界瞬息万变，知识与技能更新的速度极快。只有不断学习新知识、新技能，提升自己的综合素质和能力水平，才能避免因故步自封而被时代淘汰。最后，要懂得感恩与回馈。利用手中的资源为社会创造价值，积极参与公益事业，帮助那些处于困境中的人，这样不仅能提升个人的社会形象和声誉，还能在助人的过程中收获内心的满足与快乐。

那些手握“烂牌”的人，也不必怨天尤人、自暴自弃，要坚信命运并非完全由出身决定，自身的努力与拼搏同样可以改写人生剧本。首先，要培养坚韧不拔的毅力。面对生活中的重重困难与挫折，不轻易放弃，将每一次困境都视为成长的磨砺。例如，在求学之路上，即使面临经济压力和学习条件的限制，也要想尽办法克服困难，通过自学、申请助学金、参加课外辅导等方式提升自己的学业水平。其次，要善于挖掘自身潜力。通过进行不同的尝试，努力探索并发掘自己的潜力，最终将其转化为改变自身命运的资本。比如，一些出身贫寒的运动员，凭借着对体育的热爱和自身的天赋，在艰苦的训练环境中脱颖而出，登上了国际体育竞技场。最后，要积极拓展人脉资源。不要局限于现有的社交圈子，要积极参加各种社交活动，例如志愿者服务、行业培训等，结识志同道合的朋友和有经验、有资源的人士，逐步建立起自己的人脉网，为自己创造更多的机会与可能。

总之，无论手中的牌是好是坏，人生的舞台都足够广阔，关键在于我们是否有勇气、有智慧去打好手中的每一张牌。只要我们怀揣梦想，保持积极向上的心态，充分利用已有的资源，不断努力奋斗，就一定能够书写出属于自己的精彩篇章，过上自己想要的生活，收获真正的快乐。

第三节

打造个人品牌：让别人一眼记住你

在这个信息爆炸、竞争激烈的时代，个人品牌已成为个人在茫茫人海中崭露头角、独树一帜的核心要素。所谓个人品牌，是指个人在他人心中树立起来的独特形象，它涵盖了个人的专业能力、性格魅力、价值观以及独特的个人风格等多方面内容，是个人在工作、生活等各个领域的专属名片。个人品牌犹如一颗璀璨的星星，能够让你瞬间吸引他人的目光，给他人留下深刻印象。拥有独一无二的个人品牌，往往能够让我们在各种机会中脱颖而出，获得更多的资源、合作机会和他人的信任与尊重。因此，无论是职级晋升、商业拓展还是社交互动，拥有鲜明的个人品牌形象，都能帮助我们占据有利的地位。

那么，我们要如何精心雕琢自己的个人品牌，使其具有令人过目难忘的魅力呢？

1. 精准定位：挖掘独特的核心价值

明确个人品牌定位堪称塑造品牌的根基所在。你需要深入细致地探寻自己的兴趣爱好、专业技能、性格特点和价值观。例如，倘若你对数据分析怀有炽热的兴趣，并且拥有扎实的统计学功底，同时自身又是一个注重细节、逻辑思维缜密的人，那么你便可以将个人品牌定位为“数据洞察专家”，将精力聚焦于为企业提供精确无误的数据驱动解决方案。这样精准且独特的定位，能够让你树立起个性鲜明、与众不同的形象，人们在谈及相关领域时，脑海中便能够迅速浮现出你的身影。

2. 视觉呈现：塑造鲜明的外在形象

在朋友圈和各类社交平台的广袤天地里，你的头像、封面照片等视觉元素构成了他人对你的第一印象。选择一个能清晰展示你的品牌特色、突出专业形象的头像非常重要。举例来说，若你从事艺术设计工作，头像不妨选用你在工作时全神贯注的照片，背景巧妙地展示一些你的得意佳作，以此来传达你的艺术气质与专业素养。

此外，朋友圈的整体视觉风格也应当保持一致。例如，如果你是健身达人，朋友圈的图片不如就以健身场景、健康美食以及自己的健身成果展示为主，再搭配上简洁有力、洋溢着活力的文案，这样每一次浏览你的朋友圈，人们都能直观真切地感受到你对健身的痴迷与专注，从而进一步强化你“健身达人”的个人品牌形象。

3. 言行一致：传递稳定的品牌信号

无论是在虚拟的线上世界，还是在真实的线下场景中，你的一言一行、一举一动都应当与个人品牌定位完美契合。在朋友圈分享的内容，务必紧密围绕你的品牌核心价值展开。如果你将自己定位为职场励志导师，那就应当多分享职业生涯的宝贵经验、团队管理的心得体会以及对行业发展趋势的独到见解。并且，语言风格也要始终保持一致，或是幽默诙谐、妙趣横生，或是沉稳大气、专业严谨，让他人能够透过文字真切地“聆听”到你独特的“声音”。

在职场这个充满挑战与机遇的舞台上，言行的一致性尤为关键。例如，在会议中发表见解时，你阐述观点的方式、运用的肢体语言以及回答问题的方式都应充分彰显你精心塑造的个人品牌形象。倘若你的个人品牌形象是创新先锋，那就必须大胆提出新颖独特的想法，以满怀激情的态度去详细阐述方案并全力推动方案落地。

4. 故事营销：赋予品牌情感魅力

讲述个人故事是让个人品牌深深扎根于人心的有力武器。你可以在朋友圈分享自己的职业转型心路历程，如从一个传统行业的从业者毅然决然地迈向新兴领域所历经的艰难险阻与丰硕收获。生动地讲述你遭遇的重重挑战、挫折以及如何凭借顽强毅力克服万难取得成就的精彩情节，能让他人深切感受到你的个人品牌背后所蕴含的坚韧不拔的毅力与坚定决心。

在职场生涯的漫漫征途中，个人品牌故事能够为你赢得更多珍贵的机会。比如，在求职面试或是合作洽谈的关键时刻，分享你曾经如何凭借别出心裁的创意力挽狂澜，或是如何在团队深陷困境时发挥中流砥柱的作用进而实现华丽逆袭……这些扣人心弦的故事能够让对方深入透彻地理解你的价值，从而大幅增加对你的信任与认可程度。

5. 社交拓展：扩大品牌影响力范围

踊跃地参与行业会议、社交聚会等各类活动，结识志同道合的伙伴并广泛传播个人品牌。在行业论坛的舞台上，大胆发表专业见解，与同行展开深入热烈的交流互动，能让更多人知晓你的专长与成就。在社交聚会的轻松氛围中，巧妙地将话题引向自己的品牌领域，分享一些有趣的经历或新颖独特的观点，能够吸引他人的目光。

同时，充分利用朋友圈的社交功能，与不同领域的朋友频繁互动，如点赞、评论、转发等，持续扩大自己的社交圈子。尽量与行业内的关键意见领袖建立良好稳固的关系，他们的认可与推荐能够如虎添翼般迅速提升你的品牌知名度。

打造一个让人一眼就能记住的个人品牌，需要持之以恒地投入精力，精心塑造。运用以上几种方法，你的个人品牌必将在众人中脱颖而出，为你的职业发展、社交拓展和个人成长开辟出一条康庄大道。要牢记，你的个人品牌是你人生旅程中最具价值且无可替代的无形资产。

第四节

构建强大人脉：朋友多了路好走

在现代社会的快节奏生活中，“朋友多了路好走”这一传统观念常常被年轻人轻视。当下，经济浪潮汹涌澎湃，人们往往将业务能力奉为圭臬，认为只要自身专业技能过硬，就能够在职业生涯中披荆斩棘、无往不胜。不可否认，业务能力在个人职业发展中的确占据着举足轻重的地位，它是我们在职场立足的根基。然而，我们也不能忽视人脉所蕴含的巨大价值，它犹如一张无形却又坚实的大网，能够在关键时刻为我们的职业发展提供意想不到的助力。

拓展人脉并非带有功利目的的巴结奉承或攀附权贵。从本质而言，它是一种珍贵的信息源泉，也是高效的信息交换平台。对大多数普通人来说，业务能力往往不会有天壤之别，仅凭超凡技术让人完全忽略人脉而选择合作的情况少之又少。

在商业运营、项目推进等合作场景中，当面临高性价比渠道匮乏的困境时，人脉的价值便会凸显：通过广泛的关系网络，仅需委托熟人从中引荐，就能轻松获取原本海底捞针般难寻的信息与资源，为成功开辟新路径，大幅提高成事概率。

著名的“六度分隔理论”指出，在这个世界上，任何一个人想要与另外一个陌生人建立联系，最多只需要通过六个中间人即可达成。这就意味着，我们每个人所拥有的人脉网络都具备超乎想象的延展性和无限的可能性。熟人之间由于彼此有一定的信任度，在沟通与协商的过程中，往往会更加顺畅、高效、快捷。相较于与陌生人花费大量时间与精力进行磨合与试探，熟人之间的牵线搭桥能够使事情的推进更加顺利，从而显著降低沟通成本、时间成本以及潜在的风险。

既然人脉如此重要，那么拓展人脉自然不应被视为是一件让人羞于启齿的事情。实际上，人脉关系的构建与拓展本质上是平等、互利、共赢的价值交换。在这个过程中，保持不卑不亢且真诚的态度尤为关键。无论是面对行业大咖还是初出茅庐的新人，都要以自信和尊重为前提，既不妄自菲薄，也不傲慢自大。用真诚的态度倾听他人的想法，分享自己的经验与见解，让对方感受到你的真诚，这样更容易建立起深厚且稳固的关系。

那么，我们应该如何有效地拓展人脉呢？

1. 积极参与各类行业活动、专业研讨会及社交聚会

这些特定的场合往往汇聚了众多志同道合之人或不同领域的专业人士。他们各自怀揣着目标与梦想，在这里分享经验、交流思想、寻找合作机会。对普通人而言，这无疑是拓展人脉的绝佳时机。在这些活动中，我们不能仅仅充当一个旁观者，而是要主动出击，以积极开放的心态与他人展开交流。在交流过程中，不仅要勇于分享自己的专业见解、工作经验，同时也要善于倾听他人的故事与观点，敏锐地从中捕捉到共同的兴趣点、潜在的合作契机和能够相互学习、借鉴之处。

这种积极的互动交流，能够初步建立起信任关系，为后续进一步深入交往奠定基础。

2. 巧妙运用社交媒体平台的强大功能

如今，互联网社交媒体工具已经成为我们拓展人脉的得力助手，它打破了地域、时间等诸多限制，使我们能够轻松地与世界各地的人建立联系。我们可以根据自己的职业发展方向、兴趣爱好和业务需求等，有针对性地加入专业群组、论坛、社区等。积极地在这些线上平台中参与各类话题讨论，发表自己的观点与看法，展示自己的专业素养与个人魅力。这样，经过一段时间的线上互动之后，我们可以适时地将这种线上的联系转化为线下的深度交往，如组织或参加线下的聚会、研讨会、合作项目等活动，进一步巩固与拓展人脉。

3. 高度重视现有人脉的维护与巩固

拓展人脉不仅是不断结识新的朋友，更重要的是要精心维护已经建立起来的人脉网络。我们应当定期与自己的朋友、同事、合作伙伴和其他熟人保持联系，关心他们的工作进展、生活状况和面临的困难，在对方需要帮助时，毫不犹豫地伸出援手，提供力所能及的支持与协助。这种真诚的关怀与帮助，能够加强彼此之间的情感联系与信任程度，同时，他们不经意间的引荐，就有可能让我们结识更多的新朋友与合作伙伴，从而使我们的人脉网络像滚雪球一样不断地发展壮大。

在充满机遇与挑战的现代社会中，我们应当摒弃对人脉的片面认知与偏见，深刻而全面地认识人脉所蕴含的巨大价值与潜力。并且，我们要以积极主动、热情开放且持之以恒的态度去构建并拓展属于自己的人脉网络。通过不断拓展人脉，我们能够广泛地获取丰富多样的信息资源，拓宽自身的发展渠道，为个人事业的成功与长远发展创造更有利的条件与更坚实的保障，从而实现美好的人生愿景。

第五节

执行力：与其临渊羡鱼，不如退而结网

小李是一个非常聪明的年轻人，他拥有敏锐的洞察力，对各类事情的本质有着超乎常人的清晰认知。面对复杂的项目或潜在机遇，他能够迅速且精准地进行全面分析，严谨地梳理出所有可能的发展脉络与潜在风险。然而，这份聪明成为他前行道路上的沉重枷锁。在需要做出决策之际，过度的思考会使他陷入无尽的纠结之中。他执着于探寻一种万无一失的行动方案，因此对每一个细微的风险因素都进行反复斟酌与深度评估。这种对完美的苛求导致他在犹豫不决中浪费了大量宝贵的时间与难得的机遇。随着时间的推移，他的工作和生活并未得到改善，反而在不断的懊悔与自我质疑中徘徊不前。

而小张则是另一类人。他的智力天赋并不出众，缺乏那种一眼看穿事物本质的本事，但他具备一种极宝贵的品质——执行力强。他在面对未知领域或新鲜事物时，没有丝毫的畏惧与退缩。起初由于经验的匮乏与认知的局限，他遭遇了许多挫折与失败。例如，初次尝试创业时，因市场调研不足与运营管理不善，他遭

遇了资金亏损、业务受阻的困境。但他并未被这些失败打倒，而是将每一次的挫折视为成长的垫脚石。他认真总结经验教训，深入剖析失败的原因，从错误中学习如何优化产品、调整策略。后来，他凭借着超强的执行力、饱满的学习热情和知错就改的好心态，让公司逐步在市场中站稳了脚跟，并实现了业务的稳步拓展与个人能力的显著提升，最终达成了自己的目标，收获了满满的成就感。

从这两种截然不同的人物经历中，我们能够深刻地认识到执行力对于个人成功的决定性意义。“千里之行，始于足下。”执行力是将理想蓝图转化为实际成果的桥梁。在这个机遇稍纵即逝的时代，具备强大执行力的人能够第一时间捕捉到机会的信号，并迅速制订切实可行的行动计划。他们不会因过度担忧潜在风险或执着于追求完美方案而贻误战机，而是果断地投入到实践中，积极探索与尝试。

例如，在新兴的互联网行业，许多成功的创业者并非在创业初期就拥有完美的商业计划与充足的资源储备。他们往往凭借着对市场趋势的敏锐感知与果断行动，在实践过程中不断调整与完善产品功能、商业模式和营销策略。比如，字节跳动最初就是从一个创新的概念与简单的产品原型起步，通过市场的不断验证与产品和服务的持续迭代优化，才打造出如今风靡全球的抖音平台，引领了社交媒体的新潮流。由此可见，强大的执行力能够为个人与组织带来诸多优势。

行动是积累实践经验与提升专业能力的有效途径。每一次行动都是一次深入学习与自我提升的过程，无论行动的结果是成功还是失败，都能够为我们提供宝贵的反馈信息。成功的经验能够增强我们的信心与决策能力，为后续完成更具挑战性的任务奠定坚实的基础；而失败的教训则能够让我们清晰地认识到自身的不足之处，从而能够有针对性地进行改进与优化。

迅速行动有助于在竞争激烈的市场环境中抢占先机。在信息传播速度极快、市场变化日新月异的今天，时间就是最宝贵的资源。那些能够率先将创意与想法付诸实践的人或企业，往往能够在市场中占据有利地位，吸引更多的资源与合作伙伴，实现快速发展。

那么，我们在生活中发现机遇后，应该如何高效地将其转化为成功的果实呢？

1. 必须坚决克服内心的恐惧与犹豫情绪

在机遇面前，人们常常会产生各种负面情绪，如对失败的恐惧、对未知风险的担忧和对自身能力的怀疑等。然而，这些情绪并不能帮助我们取得实际进展，反而会阻碍我们迈出行动的第一步。因此，我们要通过积极的心理暗示与理性的风险评估来克服这些障碍。一方面，要树立正确的成败观，认识到失败是成功路上的垫脚石，每一次失败都能为我们走向成功积累资本。另一方面，在面对机遇时，要对可能存在的风险进行客观、全面的分析，制定相应的应对策略，而不是被恐惧支配。例如，在考虑是否应该进入一个新的行业或开展一项新的业务之前，我们可以先进行小规模的市场测试或建立一个项目试点，通过实际数据与反馈来降低风险，增强信心，从而做出正确的决策。

2. 要学会科学合理地分配与利用各种资源

在行动过程中，资源的有效配置是项目成功的关键因素之一。这包括人力资源、物力资源、财力资源和时间资源等。我们要根据项目的目标与需求，对现有资源进行全面梳理与精准评估，制订出详细的资源分配计划，确保资源能够被充分利用。例如，企业在开展新产品研发项目时，要根据产品的技术难度与研发周期，合理调配研发团队的工作任务与工作时间，确保各个环节的工作能够高效协同推进。同时，要对项目预算进行严格管理与合理分配，避免产生资金浪费与短缺现象。

3. 在执行过程中要始终保持高度的专注与坚定的信念

我们在追求目标的道路上，难免会遇到各种干扰与挫折，如市场环境的变化、竞争对手的挤压、团队内部的矛盾等。这些因素都可能动摇我们的决心与信心，使我们偏离既定的轨道。因此，我们要时刻牢记自己的初心与使命，将目标分解为一个个具体的阶段性任务，集中精力逐个攻克。同时，要不断完善自己的信念体系，通过自我激励、团队激励、外部支持等多种方式，使自己保持积极向上的心态与不屈不挠的精神。例如，在体育比赛中，许多运动员在面对强大的对手与巨大的比赛压力时，凭借着对胜利的坚定信念，在关键时刻发挥出了自己的最佳水平，实现了局势的逆转。

在当今的时代背景下，执行力无疑是个人与组织实现成功与发展的关键要素。与其在机遇面前犹豫不决，不如以坚定的决心与果断的行动，积极投身实践。只有不断提升自己的执行力，我们才能及时抓住机遇、高效利用资源、勇敢应对挑战，在实现个人价值与社会价值的道路上稳步前行，到达自己理想的彼岸。

第四章

借势谋局——借用外部力量，搭上成功“快车”

第一节

抓住时机：看准时机就出手

在人类历史的长河中，时机始终扮演着极为关键的角色，它犹如隐藏在命运背后的无形之手，左右着事物的发展走向。

时机从不等人，它如同流星，转瞬即逝。在商业领域，这样的例子可谓数不胜数。曾经，房地产行业蓬勃兴起，在特定的历史时期，它成为经济增长的强大引擎与财富积累的热门领域。那些敏锐洞察到这一趋势，在房地产市场发展初期果断出手拿地、开发建设的企业与个人，通过搭乘这趟高速发展的列车，积累了巨额的财富，实现了阶层的跨越。然而，随着市场的饱和、政策的调整和经济结构的转型，房地产行业的风口期已过，如今再想在这个领域复制当年的辉煌，已然难如登天。

同样地，互联网的快速发展，也带来了前所未有的机遇。早期在互联网领域创业的先驱，如抓住互联网电商兴起时机的阿里巴巴、精准把握社交网络发展契机的腾讯、网络搜索引擎崛起初期创立的百度等，凭借着对时机的敏锐感知与果敢行动，彻底改变了商业格局与人们的生活方式。短视频的崛起是近年来互联网发展的一个耀眼亮点，抖音、快手等平台在短短数年内迅速积累了海量用户，一些早期入驻并持续产出优质内容的创作者和敏锐布局短视频业务的企业，大都收获了巨大的流量红利与商业收益。如果错过了这些风口发展初期的时机，在市场竞争白热化、流量红利逐渐消失之时再进入，那么面临的难度与挑战将是难以想象的。

由此可见，抓住时机能够为个人、企业乃至整个社会带来诸多难以估量的好处。对个人而言，在恰当的时机做出正确的职业选择、投资决策或技能提升计划，可以极大地加速个人成长与财富积累的进程。举例来说，一位在移动互联网兴起初期果断投身手机应用程序开发的程序员，相比那些在行业发展成熟后才进入的同行，更容易获得高薪职位、创业机会、行业知名度等。对企业来说，抓住时机意味着能够率先抢占市场份额、获取稀缺资源、建立品牌优势与技术壁垒。随着全球对环保和可持续能源的关注度不断提高，特斯拉早早开始研发高性能电动汽车，在市场竞争中占据了领先地位，引领了全球汽车产业的变革潮流。从社会层面来看，及时把握科技、文化等领域的发展时机，能够推动整个社会的文明进步与经济繁荣，促进产业结构升级，助力创新生态的形成。

那么，我们应该如何精准地抓住时机呢?

1. 培养敏锐的洞察力与前瞻性的思维

这要求我们广泛涉猎不同领域的知识与信息，关注国内外政治、经济、科技、文化等方面的动态与趋势，从宏观层面把握社会发展的大方向。例如，阅读专业的财经新闻、科技报告、行业研究论文，参加各类高端论坛、研讨会等，了解新兴产业的萌芽与兴起、政策法规的调整变化、消费市场的需求演变等信息，预判可能出现的机遇与风口。同时，要善于从日常生活中的细微之处发现线索与灵感，一些看似不起眼的社会现象或消费痛点，往往可能蕴含着巨大的商业机会或创新契机。比如，共享经济的发展，最初就是源于对人们出行不便与资源闲置浪费等现实问题的洞察。

2. 克服恐惧与犹豫不决的心理

在时机面前，许多人往往因为害怕失败、担心风险而瞻前顾后，迟迟不敢付诸行动。然而，机会与风险并存，过度的谨慎可能导致错失良机。我们应该在充分评估风险与自身能力的基础上，勇敢地迈出第一步，可以制订详细的行动计划与风险应对预案，降低不确定性带来的心理压力。例如，在决定创业时，先进行小规模的市场测试与商业模式验证，根据反馈结果逐步调整优化方案，而不是等待一切都完美无缺才开始行动。

3. 锻炼快速学习的能力与适应能力

一旦抓住时机进入一个新的领域，就必然会面临各种未知的挑战与变化。只有不断学习新知识、新技能，迅速适应新环境与新规则，才能在发展的浪潮中保持竞争力与持续发展的动力。比如，在人工智能迅速崛起的时代，相关从业者只有持续学习最新的算法模型、编程语言与应用场景知识，才能在这个快速发展的行业中立足并取得成功。

在这个瞬息万变的时代，时机如同珍贵的宝藏，隐藏在岁月的长河之中，等待着有识之士去发现与挖掘。时不我待，我们唯有具备敏锐的洞察力、果敢的行动力、强大的适应力，才能在时机刚出现之际果断出手，牢牢把握命运赋予的每一次机遇，书写属于自己的辉煌篇章，在时代的舞台上绽放耀眼的光芒。

第二节

学会双赢：寻找合作伙伴，让“1+1>2”

我们身边常常会有这样一类人：他们能力超群、才华横溢，在自己的领域内堪称强者。他们凭借自身的智慧和努力，攻克了一个又一个难题，取得了令人瞩目的成绩。然而，他们习惯单枪匹马地闯荡，对他人缺乏信任，行事风格颇为自负。他们坚信凭借自己的力量就能够应对一切挑战，于是在追求目标的道路上事必躬亲。

我们不能忽视一个基本的事实：人类是群居动物，社会的运转依赖群体内部的协作。即使是铅笔这样简单的物品，其生产过程也涉及众多环节和人员。木材的采伐与加工、石墨的开采与提炼、笔杆的制作与组装，每一个步骤都凝聚着不同环节从业者的心血与专业技能。这充分表明，没有哪一项伟大的成就能够仅凭一人之力达成。不管个人能力有多强，其精力和能力终究是有限的。只有当人们汇聚在一起，每个人专注于自己擅长的那一部分工作，通过合作将这些零散的部分有机组合起来，才能构建起强大而高效的社会机器，创造出远远超出个人能力范畴的价值。

在当今竞争激烈且复杂多变的环境中，若想成就一番事业，就必须学会寻求合作，努力实现“1+1>2”的双赢局面。良好而有效的合作能够为我们带来诸多显而易见的好处。

1. 合作可以整合各方资源

不同的个体或组织往往拥有独特的资源优势，如资金、技术、人脉、渠道等。通过合作，这些分散的资源能够得到集中利用，实现资源的优化配置，从而为项目的开展提供更坚实的基础。例如，一家科技创业公司可能拥有先进的技术研发能力，但缺乏市场推广渠道和资金支持；而另一家成熟的企业则具备广泛的市场渠道和雄厚的资金实力。两者合作，便能将技术、渠道、资金等有效结合，加速产品的市场化进程，提升成功的概率。

2. 合作能够汇聚多元的智慧和经验

每个人的思维方式和经历都不相同，在合作过程中，团队成员可以相互交流、互相启发。这种思想的碰撞常常能够激发创新的火花，催生新的创意和方案，使团队能够更好地应对各种复杂的挑战。以科研项目为例，来自不同学科背景的研究人员进行合作，能够融合多学科的知识和方法，有利于突破单一学科的局限，取得创新科研成果。

3. 合作有助于分散风险

面对不确定性较高的项目或市场环境时，个人或企业独自承担风险可能会使其面临巨大的压力甚至是毁灭性的打击。而与人合作，双方可以分担风险，降低风险压力。例如，在大型基础设施建设项目中，多个企业组成联合体参与投标和建设，就能够共同承担项目成本超支、工期延误等风险，一旦出现问题，各方能够协商应对，避免了一方独自承担过重的负担。

那么，我们要如何有效地寻求合作伙伴以实现双赢呢？

1. 明确自身的需求与优势

在寻找合作伙伴之前，必须对自己的目标、拥有的资源、自身的优势和不足进行全面而深入的分析。了解自己需要从合作伙伴那里获得什么，是技术支持、资金投入、市场渠道还是其他资源。另外，还要清楚自己能够为合作伙伴提供什么价值，这样才能在寻找合作伙伴时有针对性地筛选和沟通，提高合作成功的概率。例如，一家小型电商企业想要拓展业务范围，需要寻找具有物流配送优势的合作伙伴。那么在与潜在合作伙伴洽谈时，就可以强调自身在电商运营、客户资源等方面的优势，以及双方合作后可能带来的业务增长和协同效应。

2. 积极拓展人脉资源，广泛寻找潜在合作伙伴

可以参加行业展会、研讨会、商会活动等，结识同行业或相关领域的企业或个人；也可以利用社交媒体平台、专业网络平台等线上渠道，发布合作意向，寻找感兴趣或有共同目标的合作伙伴。此外，还可以借助现有合作伙伴、朋友、同事等人的推荐和介绍，获取更多的合作机会。例如，一位创业者参加行业研讨会时，通过与其他参会企业代表交流互动，发现其中一家企业的业务与自己的创业项目有互补性，经过深入沟通后，双方达成合作意向，共同开展了新的业务项目。

3. 确定合作伙伴之前，要进行充分的沟通与评估

我们要与潜在合作伙伴就合作目标、合作方式、利益分配、风险承担等关键问题进行坦诚而深入的交流，确保双方在这些核心问题上达成共识。同时，要对合作伙伴的信誉、实力、经营状况等进行全面的调查和评估，避免与不良合作伙伴合作，降低合作风险。我们可以通过查阅企业的财务报表、客户评价、行业口碑等资料，以及与合作伙伴过往的合作伙伴进行交流等方式，了解其真实情况。

4. 合作过程中，要注重建立良好的合作关系

相互尊重、信任、理解和支持是合作成功的基石。我们要与合作伙伴建立良好的沟通机制，及时解决合作过程中出现的问题和矛盾；遵循公平公正的原则分配利益和承担风险，确保双方的权益都能得到保障；并且要不断寻求合作模式的优化和升级，根据市场变化和项目进展，适时调整合作策略和方式，使合作关系能够持续、稳定地发展。

总之，在这个人与人相互依存、合作共赢的时代，学会寻找合作伙伴并创立“1+1>2”的双赢局面，是走向成功的重要方法之一。无论是个人还是企业，都应摒弃傲慢的姿态和单打独斗的观念，积极融入合作的潮流，借助群体的力量，在合作中实现自身价值的最大化，与合作伙伴共同创造更加美好的未来。

第三节

想新点子：发现市场上的“蓝海”

在追求成功与突破的道路上，“红海”与“蓝海”是两种截然不同的境况。

“红海”象征着既有的、成熟且竞争白热化的领域。在这些领域，各类参与者云集，市场规则已然成形，产品或服务的同质化现象极为普遍。就像传统的快餐行业，麦当劳、肯德基等巨头长期占据主导地位。在这有限的市场里，众多中小快餐品牌为了生存，往往需要通过打折促销、拓展外卖渠道等方式来应对日益激烈的市场竞争。正因如此，那些新进入快餐行业的企业或个人必然会面临巨大的挑战。新进入者面临巨大挑战，需在品牌知名度、供应链管理、店铺运营效率等关键领域具备强大竞争力，才可能在市场中占据一席之地。

而“蓝海”则代表着那些尚未被深度开发，充满无限潜力与机遇的新兴空间。它犹如一片广袤而宁静的海洋，蕴藏着无数待挖掘的宝藏。在蓝海市场里，竞争压力相对较小，需求尚未被充分满足甚至还未被完全发现。以在线教育为例，在互联网技术尚未普及时，传统教育模式占据主导地位，人们获取知识主要依赖学校、培训机构等线下场所。然而，随着网络技术的飞速发展，一些有远见的教育企业敏锐地捕捉到在线教育的趋势，建立了在线教育平台，打破了时间与空间的限制，满足了不同年龄段、不同地域的人对知识的多样化需求，在早期几乎没有太多竞争的情况下迅速崛起，实现了用户数量的大幅增长与商业价值的快速积累。

探寻蓝海领域，绝非仅仅局限于创业范畴，在职业发展、个人兴趣探索等诸多方面同样具有深远意义。就职业发展而言，当大多数人都涌入热门行业（如金融、计算机等）时，一些新兴职业（如数据标注师、碳排放管理员等）正悄然兴起，提前布局这些领域的人往往能够在职业晋升、薪资待遇等方面获得更大的优势。在个人兴趣探索方面，当大众热衷于传统的旅游景点打卡时，一些小众的、深度体验式的旅游方式（如乡村民宿体验游、生态农场亲子游等）正逐渐兴起，为人们带来全新的生活乐趣与精神满足。发现并投身蓝海，意味着能够率先把握机会，占据主动地位，这体现了对趋势的精准预判和创新思维。

那么，我们要如何探寻蓝海呢？

1. 精准挖掘社会需求空白

深入研究不同消费群体在日常生活、工作、学习等各方面的需求细节。通过多渠道收集信息，如分析大量的消费评论数据、开展有针对性的小组访谈等方式，找出那些现有产品与服务未能充分覆盖或满足的需求点。例如，随着远程办公模式的兴起，人们对高效、便捷且能保障信息安全的远程协作工具的需求大增。一些企业敏锐捕捉到这一需求空白，开发出集视频会议、文件共享、项目管理等多功能于一体且具有高度加密性能的远程办公软件，成功在蓝海中开辟了一片市场，满足了众多企业和自由职业者的远程办公需求。

2. 追踪科技变革衍生的机遇

时刻留意科技领域的最新突破和创新应用，尤其是那些具有颠覆性潜力的技术。通过订阅专业的科技资讯平台、参加各类科技展会与研讨会，并与科研机构和科技企业保持密切交流，确保及时掌握新技术的发展动态。比如，区块链技术出现后，除了在数字货币领域的应用，其在供应链金融、产品溯源、数字版权保护等领域也展现出了巨大潜力。不少创新企业抓住这一机会，构建了基于区块链的供应链金融服务平台、食品药品溯源系统以及数字作品版权登记与交易平台等，开拓了全新的业务领域，在蓝海之中抢占了一席之地。

3. 跨界整合创造全新业态

打破行业之间的固有壁垒，积极探索不同行业之间融合的可能性。思考如何将一个行业的优势资源、技术或模式引入另一个行业中，从而创造出独特的价值。以共享经济为例，将互联网平台与出行、住宿等传统行业相结合，诞生了共享单车、共享汽车、共享民宿等全新业态。企业通过整合闲置资源、优化资源配置，为消费者提供了更灵活、更经济的消费选择，同时也开辟了共享经济这片广阔的蓝海，引领了新的消费潮流。

4. 顺应政策与社会发展趋势

密切关注政府出台的相关政策法规和社会文化、消费观念等方面的发展趋势。政策往往会对特定行业进行扶持或引导，从而催生新的市场机会。例如，随着“双碳”目标的提出，新能源、节能环保等领域得到政策的大力支持，相关企业纷纷布局新能源发电、节能设备制造、绿色建筑材料等业务，在政策护航下的蓝海市场中迅速发展。同时，人们对健康、环保、个性化等的追求，也促使企业在健康食品、环保家居、定制化产品等方面不断创新，努力挖掘出符合时代需求的蓝海商机。

总之，在不断变化的世界中，探寻市场中的蓝海是实现个人成长、事业突破与社会进步的关键策略。无论是个人还是组织，都应培养持续创新的意识，提升洞察力，积极寻找并勇敢踏入那些尚未被充分发掘的蓝海领域，书写属于自己的成功篇章。

第四节

随机应变：学会“见风使舵”

在时代的浪潮中，善于捕捉机遇无疑是通往成功的关键一步。敏锐的洞察力和果敢的行动力，能让我们在机遇出现的瞬间迅速反应，从而踏上发展的快车道。然而，我们必须清醒地认识到，形势始终处于动态的变化之中。

当今社会，科技的飞速发展和全球化程度的加深，使得各个领域都正在经历前所未有的变革。曾经的商业风口，可能短短数月间便风光不再；一度备受瞩目的新兴产业，也可能随着市场的饱和与技术的迭代而迅速降温。这种现象背后的原因，是社会发展方向的不断调整和经济格局的不断变化。从传统制造业到互联网经济，从线下实体店铺到线上电商平台，再到如今兴起的人工智能、大数据与物联网，每一次产业变革的浪潮都深刻改变着价值的流向。

以曾经辉煌一时的胶卷行业为例。在摄影技术发展的初期，胶卷作为记录影像的关键载体，市场需求旺盛，柯达、富士等企业凭借其在胶卷生产和销售领域的优势，占据了行业的主导地位，享受着丰厚的利润。但随着数码技术的异军突起，相机逐渐走向数字化，胶卷的市场需求急剧萎缩。那些未能及时察觉这一形势变化并做出调整的企业，依然执着于胶卷业务的深耕，最终在时代的浪潮中逐渐没落，有的甚至面临破产的困境。相反，那些能够随机应变的企业，如尼康、佳能等相机制造商，迅速将研发重点转向数码相机领域，紧跟技术发展的趋势，及时调整产品结构和业务布局，从而在新的市场格局中站稳脚跟，实现了企业的转型升级与持续发展。

以上案例警示我们，在追求成功的道路上，不能被一时的风光或现有的优势蒙蔽，必须时刻保持对形势变化的高度敏感，犹如航海者要密切关注风向与洋流的变化。情况发生变化时，要有壮士断腕的勇气和决心，果断地调整策略、转变方向，大胆进行业务的重构与转型。

在风云变幻的时代浪潮中，掌握随机应变之道对企业与个人的发展至关重要。那么，该如何有效地随机应变呢？

1. 保持敏锐洞察，感知风向变化

我们要时刻竖起感知的“天线”，对周围环境中的细微变化保持高度警觉。无论是社交圈子里话题焦点的悄然转移，工作中任务要求与团队氛围的变化，还是社会大环境里文化潮流、技术革新、政策导向的起伏，都应纳入视野。

例如，在职场中，若能敏锐捕捉行业内新技术的萌芽（如人工智能在传统办公软件中的应用），就能提前学习相关知识技能，为自身职业发展增添新的竞争优势；在社交中，留意到朋友对健

康生活方式的关注度上升，就能适时调整聚会等活动内容，如将聚餐改为户外徒步或健身交流，这样既能增进友谊，又能顺应群体氛围的变化。

2. 培养多元思维，拓展应变维度

打破单一思维模式的禁锢，积极培养多元思维方式，如逻辑思维、创新思维、逆向思维、共情思维等。当遇到问题或变化时，运用不同思维视角进行分析解读。以面临职业转型挑战为例，逻辑思维可帮助我们梳理自身优势、劣势、机会与威胁，制订清晰的转型计划；创新思维则能鼓励我们探索全新的工作领域或工作模式，如结合自身爱好与市场需求开创小众化的自媒体创业项目；逆向思维能够促使我们思考传统职业路径的局限性和可改变方向，如从服务提供者转变为需求整合者，搭建平台连接供需双方；共情思维能让我们理解他人的感受与需求，从而更好地与他人合作。多元思维的灵活切换能够为应对变化提供多种方法。

3. 储备知识技能，筑牢应变根基

持续不断地学习、积累各类知识与技能，构建宽泛且扎实的知识技能体系。涉猎不同学科领域的基础知识，如人文社会学科的沟通协作、心理学知识，自然学科的信息技术、健康养生常识等；同时，在自身专业领域或兴趣爱好方面深入钻研，形成核心竞争力。

例如，作为市场营销人员，不仅要精通市场调研、品牌推广、销售策略等专业知识技能，还要了解一定的数据分析、新媒体运营、设计美学等跨领域知识。这样，当市场环境因数字化技术发生变革，营销从传统渠道转向线上渠道时，就能凭借多方面的知识储备迅速适应变化，策划出富有创意且贴合新媒体传播规律的营销方案。

4. 锤炼情绪管理能力，培养应变心态

在变化面前，情绪的波动往往会干扰理性的判断与行动。因此，我们需着力提升情绪管理能力，保持冷静、平和且积极的心态。如果遭遇突发的不利变化，如工作中的项目失败或人际关系冲突时，可以通过深呼吸、心理暗示、暂时转移注意力等方式迅速平复情绪，要努力避免陷入焦虑、沮丧或愤怒的情绪旋涡。以平和的心态复盘事件，从中汲取经验教训，才有可能找到转机与解决方案。

例如，面试失败后，不要被沮丧情绪打败，而要冷静分析自己在面试过程中的不足之处，有针对性地进行提升，同时积极向其他合适的岗位投递简历，以乐观的心态迎接下一次机会。

5. 强化沟通协作，凝聚应变合力

在复杂的变化面前，个人的力量有限，良好的沟通协作能力有助于整合各方资源，凝聚众人智慧与力量共同应对变化。在家庭生活中，

我们应与家人就生活中的变化与挑战进行坦诚沟通，共同商讨应对家庭财务压力、子女教育规划等问题的方法；在工作中，积极与同事、上级交流工作进展与变化，分享创意和想法，协同推进项目任务的调整优化；在社交圈子中，与朋友相互鼓励，借助各自的人脉资源与经验智慧解决彼此面临的难题。

例如，在筹备社区公益活动时，组织者通过与志愿者、社区居民、赞助商等各方进行充分有效的沟通协作，根据各方反馈与实际情况变化及时调整活动方案、物资调配与人员安排，确保公益活动顺利开展并取得良好效果。

随机应变并非天赋异禀者的专利，我们通过后天的用心修炼与实践积累仍然可以逐步掌握。当我们的洞察力、思维方式、知识储备、心态调整与协作能力等有所提升时，就能在生活的种种变化中如鱼得水，以从容的姿态书写精彩的人生篇章。

第五节

媒体的力量：让世界听见你的声音

当今时代，媒体犹如一座桥梁，将个体与广阔的世界紧密相连，其蕴含的力量正以前所未有的态势改变着人们的生活与命运。对个人而言，媒体所具有的影响力是不可估量的，它宛如一把万能钥匙，能够在众多领域开启通往成功与自我实现的大门，为个人的发展提供无限可能。

1. 媒体助力个人品牌塑造

在信息化的今天，每个人都如同沧海一粟，极易被淹没在茫茫人海之中。然而，借助媒体平台，无论是传统的纸媒、电视媒体，还是新兴的网络媒体、自媒体，我们每个人都有能力精准定位自身独特的价值与魅力，将其精心包装并广泛传播。

例如，一位热爱绘画的艺术家，通过在社交媒体上分享自己的创作过程、作品背后的故事以及独特的艺术见解，引起了大量关注，逐渐树立起自己在艺术领域的专业形象与个人品牌。随着知名度的不断提升，其作品的价值也得到了市场的认可，不仅有更多机会参与各类画展与艺术交流活动，还能够与知名画廊、品牌合作，实现了艺术与商业价值的双赢。又如，一位健身达人利用短视频平台展示自己的健身日常，分享专业的健身技巧，在积累了庞大的粉丝量后，推出了自己的线上健身课程与个性化的健身指导服务，成功打造了个人的健身品牌，从一个普通的健身爱好者转变为行业内具有影响力的关键意见领袖。

2. 媒体赋能求职就业

在竞争激烈的就业市场中，一份出色的简历仅仅是踏入职场的敲门砖，而想要在众多求职者中脱颖而出，让招聘者深入了解自己的优势与潜力，巧妙借助媒体的传播优势是一种行之有效的方法。求职者可以通过创建个人专业网站或博客，详细展示自己的教育背景、工作经历、项目成果、专业技能、个人特长等信息，并定期更新行业动态分析、个人职业感悟等内容，向潜在雇主全方位地呈现自己的专业素养与职业热情。此外，社交媒体平台如领英（LinkedIn）等，也为求职者提供了与行业内专业人士、企业高管等直接交流的机会，求职者通过分享有价值的行业见解、参与专业话题讨论，能够有效拓展人脉资源，提高被知名企业发现与录用的概率。

例如，一位计算机编程行业的求职者，在个人博客上分享了自己在开源项目中的贡献、对前沿技术的深入研究以及解决复杂编程问题的思路与方法，吸引了多家科技企业的招聘人员主动联系，最终成功入职一家顶尖的互联网公司，开启了自己的职业生涯新篇章。

3. 媒体驱动创业征程

对创业者而言，在创业初期普遍面临资金短缺、品牌知名度低、市场认可度不高等挑战，而媒体恰恰能够在这些方面提供重要助力。创业者可以通过媒体报道、新闻发布、参加创业大赛等形式，将自己的创业项目、创新理念、商业模式、市场前景等信息广泛传播，吸引投资者的关注，为企业的发展筹集必要的资金。同时，媒体的正面曝光也有助于提高品牌在消费者心目中的知名度与美誉度，有助于企业快速打开市场。

例如，共享经济的代表企业滴滴出行，在创业初期通过大量的媒体宣传报道，向公众普及共享出行的概念与优势，迅速吸引了海量用户的注册与使用，在短时间内实现了业务的大规模扩张，逐渐成为全球知名的“独角兽企业”。

此外，媒体还能够为创业者提供行业动态信息、市场趋势分析以及竞争对手的情况等重要资讯，帮助创业者及时调整战略决策，把握市场机遇，应对各种挑战。

4. 媒体激活公益与社会活动

个人若想推动某项公益事业的发展或发起一场具有社会影响力的活动，媒体就是强大的宣传引擎，可以将活动的宗旨、目标、意义、参与方式等信息传递给更广泛的受众群体，激发社会各界的参与热情。

例如，环保志愿者通过社交媒体平台发起“垃圾分类从我做起”的公益活动，利用图文、视频等多种形式详细介绍垃圾分类的方法与重要性，并分享自己在日常生活中的环保实践经验，引起了众多网友的积极响应与参与，在全社会范围内掀起了一股垃圾分类的热潮，有效推动了环保理念的普及与实践。又如，社会活动家借助媒体的力量组织各类慈善募捐、文化交流、社区建设等活动，媒体的广泛传播，使其汇聚了社会各界的力量与资源，共同解决社会问题，为促进社会和谐发展贡献了力量。

5. 媒体促进思想与文化交流

无论是学者、作家、思想家，还是普通民众，只要拥有独特的思想观点、文化见解或生活感悟，都可以借助媒体平台与全世界的读者、听众、观众进行分享与交流。通过撰写文章、出版图书、录制播客、拍摄视频等多种方式，个人的声音能够跨越地域、种族、文化的界限，在更广泛的人群中引发共鸣。

例如，一些知名学者通过在学术期刊、网络公开课等平台上发表自己的研究成果与学术观点，推动了学科领域的知识创新与发展，同时也在全球范围内培养了众多对该学科感兴趣的学生与追随者；一些文化名人通过社交媒体分享自己在文学、艺术、历史等方面的独到见解与感悟，引发了广大网友的热烈讨论与思考，促进了不同文化之间的相互理解与交融。

在个人成长与自我实现的过程中，媒体是我们不可或缺的伙伴与强大的助推器。它赋予了我们在各个领域展示自我、表达诉求、传播价值的能力，让我们的声音能够被听见、被重视。然而，我们也应清醒地认识到，媒体是一把双刃剑，我们享受其带来的巨大机遇与便利的同时，也要遵循伦理规范与相关的法律法规，确保所传播的信息真实、准确、积极向上，以充分发挥媒体的正面力量，为个人与社会的发展创造更大的价值。让我们善用媒体之力，勇敢地发出自己的声音，在时代的浪潮中书写属于自己的精彩篇章吧！

第五章

顺势破局
——在变化中找到方向

第一节

适应市场起伏：稳中求胜

人生不会总是一帆风顺，市场也是如此，它总是起起落落，充满变数。这是经济活动的常态，我们每个人都在市场的浪潮里接受着考验。

有不少人因为不能适应市场的起伏而陷入困境。比如，有些创业者在市场一片繁荣的时候，被眼前暂时的好形势冲昏了头脑，只看到有利的方面，却没有认真考虑自己的实际情况和这些机会背后的风险，如过度依赖贷款等。在没有调研市场需求，也不清楚自己是否有足够的资源支撑的情况下，就急着扩大业务范围和经营规模。一旦市场形势急转直下，资金周转不过来，就会导致资金链断裂，企业无法正常运转，不仅之前的努力付诸东流，自身也同时面临着经济负担与精神压力的双重困扰。

还有一些投资者，市场一有波动就慌了神。股价、汇率或者商品价格稍有波动，他们就如惊弓之鸟一般，完全失去了理智和判断力。在恐惧的驱使下，他们可能会选择尽快把手里的资产变现。这样做不仅可能错过市场日后回升的机会，而且也是一种对自身心态的“折磨”。更糟糕的是，他们或许因为这一次的打击而彻底丧失信心，以后都不敢再投资，错失原本可能带来盈利的机会。而那些能在市场起伏中站稳脚跟、取得成功的人，往往都懂得市场的规律，并且拥有一套有效的应对策略。

1. 他们会确立长期目标，不被短期的利益诱惑

在市场繁荣、诱惑众多的时期，他们不会贸然跟风追逐那些看似高回报却伴随着高风险的项目。例如，在股市暴涨之时，他们不会盲目进入，而是冷静分析政策导向、市场的真实需求以及自身的资金实力和抗风险能力。在企业发展战略的制定上，他们注重核心竞争力的打造和巩固，愿意持续投入资源进行技术研发与创新，提升产品质量和服务水平，目标是以优质的产品和服务赢得客户的长期信任，提升市场份额。即使面对同行迅速提高市场占有率的情况，他们也能坚守自己的节奏，不为所动。他们深知只有根基稳固，才能在市场的风雨中屹立不倒。

2. 他们具备敏锐的风险感知能力，善于提前布局应对危机

他们在日常的经营管理和投资活动中，建立了完善的风险预警机制，密切关注市场的各种信号和指标变化。一旦察觉到市场风向的转变，如行业需求出现下滑趋势、政策法规有调整的迹象或者竞争对手有异常举动时，便迅速启动风险应对预案。比如，一家制造业企业，在发现原材料价格有持续上涨趋势且可能影响企业成本控制时，会提前与供应商签订长期合作协议锁定价格，或者积极寻找可替代的原材料资源；同时，优化内部生产流程，提高生产效率，减少不必要的开

支，通过内部挖潜来消化可能增加的成本压力，从而确保企业在市场波动中仍能保持相对稳定的运营和盈利。

3. 他们善于在逆境中寻找转机，以创新为驱动实现突破

当市场陷入低迷，传统业务面临困境时，他们不会坐以待毙，而是积极探索新的商业模式和业务增长点。他们鼓励团队成员勇于创新，敢于尝试新的技术、新的产品设计或新的营销方式。例如，在传统零售行业受到电商冲击而业绩下滑时，一些实体零售商积极引入线上线下融合的新零售模式，利用大数据分析消费者的购物习惯和偏好，实现了精准营销和个性化服务；同时，打造体验式消费场景，增加消费者的购物乐趣和黏性，最终实现了转型，在逆境中开辟出了一片新天地。这种创新的商业模式不仅弥补了市场下滑带来的损失，还为企业未来的发展奠定了更坚实的基础。

4. 他们注重人脉资源的积累与维护，以便在市场起伏中借助各方力量共克时艰

无论是与同行企业之间的合作交流，还是与产业链上下游合作伙伴的紧密协作，抑或是与行业专家、政府部门等建立良好的关系，都被他们视为企业或个人发展的重要支撑。市场繁荣时，他们会通过与同行分享经验和资源，实现互利共赢，共同推动行业的发展；市场低迷时，他们与上下游企业抱团取暖，协商应对策略，如联合采购以降低成本、共享销售渠道以拓展市场等。同时，他们会积极与政府部门沟通，争取政策支持和一定的项目资源，借助政府宏观调控的力量助力企业渡过难关。

在市场的汹涌浪潮中，我们唯有深刻理解市场规律，以稳健、敏锐、创新且善于合作的姿态应对市场的起伏变化，才能真正做到稳中求胜，实现个人与企业在复杂经济环境中的可持续发展与长久繁荣。

第二节

拥抱变化：不怕改变才能进步

“树挪死，人挪活。”这句广为流传的谚语，道出了一个很重要的道理：变化常常能带来生机。大多数中国人安土重迁，偏爱稳定的生活。但现实是，这世上诸多事情，只有不断变化才能有所发展。社会是一个庞大且复杂的系统，无论是阶层结构的演变、经济活动的运行，还是文化实力的提升，都需要通过变化来推动。

回溯往昔，计划经济时代，我国的经济曾长期依循相对固定的模式运转。在特定历史时期虽然取得了一定的成效，但从长远视角来看，由于缺乏灵活性与创新机制，经济活力会逐渐减弱，发展步伐也将日趋迟缓。与之形成鲜明对比的是市场经济，其以灵活多变的特性，大力倡导竞争与创新，为经济发展注入了强劲且持续的动力。科技发展日新月异，社会万象亦处于持续更新之中。无论是新兴产业的兴起，还是传统产业在科技浪潮推动下的转型升级，皆有力彰显了“变化”在经济领域的核心地位与巨大效能。

在科技领域，变化是推动进步的关键途径。从古老的造纸术、印刷术，到当今的互联网、人工智能、量子通信，每一次具有重大意义的科技突破，无一不是对传统的果敢颠覆与创新。科学家们勇于突破思维定式与技术瓶颈的桎梏，在未知的领域无畏探索、反复试验，纵使历经无数次失败与挫折，依然秉持锲而不舍的精神。正是凭借这种不惧变化、欣然接纳新事物的坚韧态度，人类才得以从蒙昧无知的远古时代，一步步跨越农耕时代、工业时代，进而迈进信息时代与智能时代，实现了生产力的飞跃式提升与生活方式的根本性变革。

我国不乏积极拥抱变化的典范人物，海尔集团的核心人物张瑞敏便是其中的杰出代表。在他接手海尔之际，海尔仅为一家濒临倒闭的小型工厂，面临产品质量堪忧、管理秩序混乱、市场份额极度狭小等诸多严峻问题。张瑞敏并未因循守旧，而是毅然决然地开启了一系列大刀阔斧的变革。他率先自质量管理层面切入，创新性地实施“砸掉有质量问题的冰箱”之举，以此向全体员工传递质量至上的核心理念，有力改变了当时国内企业普遍存在的产品质量把控松懈的状况。接着，他以敏锐的市场洞察力捕捉到了消费需求的变化趋势，积极推动海尔集团从传统的家电制造企业向多元化的大型家电品牌转型跨越。在企业管理模式的创新探索中，他引入“人单合一”的先进理念，打破传统的层级式管理体制，将员工与用户需求紧密相连，充分激发员工的创造力与自主性。正是这种勇于变革的果敢实践，让海尔集团在激烈的市场竞争中脱颖而出，从一家寂寂无闻的小厂蜕变为世界知名的家电巨头，其产品畅销全球众多国家和地区，不仅为中国企业树立了国际化发展的光辉典范，还深刻影响了全球企业管理的理念与实践范式。

那么，对个体而言，我们应该如何拥抱变化呢？

1. 培养敏锐的洞察力，以便精准察觉时代的发展方向与潜在机遇

这要求我们广泛涉猎多元知识领域，密切关注不同领域的发展动态，从社会现象、科技突破、文化潮流中悉心汲取信息，并深入剖析其中可能影响社会未来发展方向的关键要素。例如，当共享经济的理念初现端倪时，部分独具慧眼的创业者能迅速捕捉到这一趋势，踊跃投身共享单车、共享办公等新兴领域的创业浪潮之中，在有效满足大众新型需求的同时，成功创造了商业价值。

2. 着力克服内心对未知的恐惧与对失败的过度担忧

很多人因为害怕改变可能带来的不良结果而踟蹰不前，然而我们应该深刻认识到，失败乃成功之母，每一次失败经历都能为我们提供弥足珍贵的经验教训。我们可以从细微之处着手，逐步尝试新事物，如学习一项新技能、尝试一种新颖的工作方法或积极参与一个新项目等。在这一过程中，持续积累信心与应对变化的能力至关重要。比如，一位传统手艺人，在直面现代工业化生产的强烈冲击时，并未故步自封，而是将传统工艺与现代设计理念有机融合，并借助互联网平台进行推广销售，这样不仅使古老的手艺得以传承延续，还成功开拓了更为广阔的市场空间。

3. 始终保持开放的心态与高昂的学习热情

变化意味着新事物的不断涌现，我们需要以积极主动的姿态接纳

新观念、新技术、新方法，踊跃与不同背景的人士展开交流合作，以此开阔自身的视野、拓展思维边界。参与行业研讨会、学术讲座、国际交流活动等皆为行之有效的途径。以互联网行业为例，其技术更新换代的速度堪称迅猛，从业者唯有持续学习（如大数据分析、人工智能算法等）新知识，并将其切实运用于实际工作之中，方能在激烈的市场竞争中立于不败之地。

4. 勇于小步试错，快速迭代

在探索新领域或尝试新策略时，不要期望一蹴而就，而要先进行小规模的试验。例如，一家餐饮企业想要推出新的菜品，不必一次性全面推广到所有门店，可以先在部分门店进行试销，收集顾客的反馈意见，如口味偏好、价格接受度、摆盘喜好等。根据这些反馈，及时对菜品进行调整优化，如改进烹饪方法、调整配料比例、更换餐具摆盘等，然后再逐步扩大推广范围。这种小步试错的方式，能够在控制风险的同时，以较低的成本和较高的效率找到最适合市场需求的产品或服务模式，从而在不断变化的商业环境中保持灵活性和适应性，实现持续创新与发展。

诚然，变化之路绝非康庄大道，其间布满荆棘与坎坷，充斥着诸多不确定性与风险因素。我们踏入未知的领域时，仿若置身于黑暗中摸索前行，需耗费大量的精力用于尝试、纠错与调整。这一过程无疑是艰辛且疲惫的，它严峻地考验着我们的意志、智慧与勇气。

以中国足球为例，长期以来，国足的表现令广大球迷痛心疾首。其中一个关键原因就在于国足的因循守旧与对传统训练模式、战术体系的过度依赖。部分人士因忌惮改变可能带来的短期失利与混乱局面，迟迟不敢大刀阔斧地推进改革，致使国足在国际赛场上的竞争力始终难以得到实质性提升。然而，若一味地安于现状、拒绝改变，国足便注定只能在低水平的泥沼中徘徊挣扎，错失迈向强大的宝贵机遇。反之，若能果敢地迈出变革的步伐，积极借鉴国际先进的训练理念与训练方法，大胆起用新人，优化管理运营机制，虽无法确保短期内实现迅速崛起，但至少可为实现突破与进步创造可能。

人生恰似一场充满挑战与机遇的漫长征途，变化则是征途之中无法回避的关卡。我们时常伫立在命运的十字路口，面临抉择与改变的严峻考验。改变或许会使我们暂时偏离舒适区域，陷入迷茫与不安；或许会使我们遭遇失败与挫折，承受痛苦与失落。然而正如古人所云："穷则变，变则通，通则久。"唯有勇于拥抱变化，敢于在变革的浪潮中奋勇拼搏，我们才有可能冲破困境中的重重束缚，开启通往成功与进步的大门。即便结果不尽如人意，我们也能在拥抱变化的过程中有所收获，为未来的发展积累宝贵的经验与财富。

第三节

化危机为机遇：绝境重生

在人类文明的演进长河中，危机一直伴随着我们，它是人类发展过程中无法规避的挑战。但正如古人云：“祸兮福所倚，福兮祸所伏。”危机虽具破坏力，却也常蕴含机遇。

商鞅变法之前，秦国深陷内忧外患的泥沼。旧贵族势力盘根错节，把控大量资源，严重阻碍革新；经济生产方式落后，百姓生活困苦，国家财富积累缓慢；军事力量相较于其他诸侯国，亦显薄弱，在诸侯纷争中常处于劣势。然而，商鞅独具慧眼，他深知此危局恰是变革图强的良机。他以超凡的胆略与智慧，冲破重重阻碍，推行了一系列影响深远的变法举措：废除井田制，释放了土地生产力；奖励耕织，激发了百姓劳作热情，农业生产得以迅猛发展，为国家富强奠定根基；军功授爵制度的施行，打破了贵族对军权的垄断，极大地提升了秦军战斗力。秦国由此逐步扭转乾坤，从边缘弱国崛起为战国翘楚，终为统一六国铺就康庄大道。

人生之路，恰似波澜起伏的江河，危机如暗礁险滩，时而浮现。遭遇危机是生命常态，顺遂无波的人生只存在于理想之境。危机的降临，恰是命运为我们敲响的警钟，促使我们反思过往，探寻新径。若人生一直风平浪静，便如温水煮蛙，人极易在安逸中丧失斗志与敏锐的觉察力，从而使个人发展陷入停滞。那么，危机来临时，我们该如何应对呢？

1. 危机来临，保持平和心态尤为关键

在困境中，慌乱与恐惧会蒙蔽我们的心智，使我们迷失方向。只有保持沉稳的心态，冷静分析危机的根源并洞察其影响脉络，我们才能在混沌中找到生机。就如同在黑暗中行走的旅人一样，心乱则目盲，心静方能看清前路。

2. 化危机为机遇，精准洞察危机的“破局点”

这要求我们深入研究危机发生的背景与相关因素，要如同侦探在犯罪现场寻找蛛丝马迹一般，不放过任何一个细节。例如，当某个行业因受到新兴技术的冲击而面临危机时，我们不能只看到表面的现象，而要分析新技术的核心优势、应用场景以及市场接受度的变化趋势等。我们可以通过大数据、行业研究报告、专家访谈等渠道收集信息，绘制出“危机影响地图”，从中找到尚未被满足的市场需求或被忽视的业务环节，这便是我们突破危机的关键所在。

3. 在决策与行动方面，我们要制定“敏捷式”策略

危机发生时，情况瞬息万变，传统的冗长决策流程往往会贻误战

机。我们应借鉴敏捷项目管理的理念，组建跨部门、跨领域的应急团队，快速制订应对方案。例如，一家传统制造业企业正面临原材料供应链断裂的危机，应急团队需迅速评估库存、寻找替代供应商、调整生产计划，并在短时间内对各方案进行测试和优化。同时，设立明确的决策时间节点和目标指标，如在一周内确定新供应商名单并签订意向合同，两周内恢复部分生产线的正常运转等，确保每一步行动都紧凑高效，且根据实际情况及时调整。

4. 培养“反脆弱”的心态与能力是重中之重

危机如同风暴，具有强大的冲击力，但我们可以像具有反脆弱性的系统那样，在冲击中变得更强大。这意味着我们要主动拥抱不确定性，将危机视为锻炼自身能力的“压力测试”。例如，个人在面临失业危机时，不要仅仅局限于寻找同行业、同类型的工作，而要利用这段时间学习新技能，如数据分析、数字营销等热门领域的知识，参加线上线下的实践项目或兼职工作，积累不同类型的工作经验，提升自己在多元化就业市场中的竞争力。同时，建立多元化的资源网络，包括人脉、资金、信息等，如参加行业社群、学习理财知识、关注政策动态等，以便能够在危机中抓住机会。

5. 构建“创新生态联盟”应对危机

单枪匹马式的战斗往往难以化解危机，与各方建立创新合作关系则能汇聚众智众力，有效应对危机。企业可与供应商、客户、高校、科研机构甚至竞争对手开展合作，共同讨论应对危机的创新解决方案。例如，在公共卫生危机下，医疗企业与高校科研团队合作，加速疫苗研发进程；旅游企业与线上平台合作，推出“云旅游”产品，拓展业务边界；餐饮企业与生鲜供应商联合开展社区团购业务，实现资源共享与业务互补。这种创新生态联盟，可以让各方在合作中共享技术、数据、渠道等资源，降低创新成本与风险，提高应对危机的成功率和效率。

总之，危机与机遇，犹如硬币之两面，相伴相生。在危机的狂风骤雨中，只要我们拥有平和的心态、敏锐的头脑、行动的勇气、坚韧的毅力与创新的智慧，积极探寻应对之策，便能化危机为机遇，挣脱困境的枷锁，实现绝境重生，迈向更高的发展境界。

第四节

评估风险：辨别哪些机会值得尝试

在追求成功的道路上，我们常常面临很多诱人的机会，它们如同闪烁在远方的宝藏，散发着令人难以抗拒的魅力。然而，我们必须清醒地认识到，高回报往往伴随着高风险，这是世间不变的法则。正如在波涛汹涌的商海中航行，想要获取巨额的财富，就必须穿越重重惊涛骇浪。同样地，在竞争激烈的职场上谋求高位，也必然要迎接各种挑战与压力。若不事先评估风险，便盲目地一头扎进这些机会中，就如同在没有指南针的情况下在黑暗中贸然前行，很可能会迷失方向。

以创业为例，许多新兴行业在崛起之时，都展现出了巨大的发展潜力和盈利空间。比如，共享经济刚刚兴起时，共享单车市场一片火热，吸引了众多创业者和投资者纷纷涌入。对一些资金雄厚、拥有强大运营团队和丰富行业资源的企业或个人来说，他们有能力承担市场初期的不确定性、车辆投放与维护成本、政策监管变化等风险，这个新兴领域对他们而言就像是一片充满机遇的蓝海，值得放手一搏。他们可以通过大规模的推广迅速占领市场份额，利用技术优势优化运营管理，即便面临竞争对手的挑战和市场波动，也有足够的底气和资源去应对。然而，对那些缺乏资金、运营经验不足且没有稳定合作伙伴的小创业者而言，共享单车项目的风险是巨大的。在车辆采购阶段，他们便可能遭受资金压力的困扰；而在市场推广方面，由于品牌影响力不足，往往难以取得显著成效。一旦遇到政策调整或市场竞争加剧的情况，他们很可能会因无法承受资金链断裂等风险而迅速被淘汰出局。

那么，我们应如何评估某个项目是否值得承担一定的风险去开展呢？

1. 开展深度的信息调研与分析

从多个权威渠道搜集有关项目的详细信息，如行业报告、政府公开数据、专业研究机构的分析等，全面了解行业的发展历程、现状和未来趋势。以进军人工智能领域为例，我们要研究人工智能技术在不同应用场景（如医疗、金融、制造等）的落地情况、各场景下的市场规模与增长预期，以及目前国内外领先企业的技术水平与市场布局。同时，要密切关注政策动向，关注是否有相关的扶持政策或监管措施出台，以及这些政策对行业发展方向和企业运营可能产生的影响。此外，要深入分析目标客户群体的需求特点、消费习惯、购买能力等，判断市场需求的真实性与可持续性。例如，若计划推出一款面向老年人的智能健康监测设备，就需要通过问卷调查、实地访谈等方式了解老年人对健康监测功能的具体需求、对新技术产品的接受程度以及愿意为此支付的价格区间等信息。

2. 进行自我资源与能力的细致盘点

制作详细的资源清单，包括资金储备、可用于投资或运营的现金流、固定资产等财务资源；现有的技术专利、研发团队、技术合作伙伴等技术资源；人力资源方面，要明确核心团队成员的专业背景、工作经验、技能特长、协作能力等；人脉资源也不容忽视，要梳理行业内、政府部门、金融机构等方面的人脉，评估这些人脉能为项目提供的支持，如业务合作机会、政策咨询、融资渠道等。同时，对自身的能力进行客观评估，如战略规划能力、市场营销能力、项目管理能力、风险应对能力等。可以回顾以往的项目经历，分析自己在各个环节的表现，明确自己的优势与劣势。例如，在以往的创业项目中，如果市场推广环节总是效果不佳，那么在评估新机会时，就要考虑是否有足够的资源或策略来弥补自己的这一短板，或者该项目对市场营销能力的要求是否在自己可承受的范围内。

3. 小范围试点与模拟测试

在全面投入之前，先进行小规模的尝试或模拟操作。例如，若计划开设一家连锁餐饮企业，可以先在一个特定区域开设一家小型的概念店，测试菜品的市场接受度、运营成本、顾客流量和消费频次等关键指标。在这个过程中，详细记录各项数据，分析运营过程中出现的问题，如食材供应的稳定性、员工培训的效果、顾客的反馈等。又如，在设计出一款新的软件产品之后，可以先进行内部测试或邀请一小部分目标用户进行试用，收集用户的使用反馈，评估产品在功能完整性、易用性、稳定性等方面的表现，根据测试结果对产品进行优化与改进。小范围试点能够以较低的成本和风险获取实际的运营经验与数据反馈，从而可以更准确地判断项目大规模开展时可能面临的风险与挑战。

4. 压力测试与风险预案制订

我们可以人为地设置一些极端情况或不利因素，模拟项目在这些情况下的运行状况，评估其承受能力。例如，在评估一个电商项目时，可以假设在物流配送大面积延误、供应商突然中断合作、市场出现恶意竞争等极端情况下，企业的资金链、库存管理、客户服务等环节会受到怎样的影响，是否有足够的应对措施。根据压力测试的结果，制订详细的风险预案。风险预案应包括风险预警指标，如当库存周转率低于某一数值、客户投诉率超过一定比例时，就要启动相应的风险应对机制；明确的应对措施，如在资金紧张时的融资渠道与策略、供应链中断时的备选供应商名单与合作方案、市场竞争加剧时的产品差异化策略与价格调整方案等。

在充满机遇与挑战的人生道路上，我们不能因畏惧风险而裹足不前，但也绝不能盲目地冒险。只有科学合理地评估风险，结合自身的实际情况，谨慎地辨别哪些机会值得尝试，我们才能在追求成功的道路上稳健前行，在机遇与风险的天平上找到平衡点，实现自己的目标与梦想。

第五节

坚持就是胜利：有耐心才能等到成功

“锲而舍之，朽木不折；锲而不舍，金石可镂。”古往今来，坚持一直被视为成功的关键要素。大家应该都见过这样一幅画：一个人在挖地底的黄金，这个人挖了许多深浅不一的坑，最深的坑距离黄金只有一步之遥。而他却因没有坚持到底，最终没有挖到黄金。看到这幅漫画时，人们往往会一笑了之，自以为懂得坚持的道理，可实际上，坚持到底并非易事。

以写作为例，写作并非仅凭天赋，更多是依赖技巧与熟练程度，需要经过大量的训练。我有一位朋友，他起点甚低，甚至未上过大学，却始终十年如一日坚持写作。十几载过后，他成为家喻户晓的知名作者。反观那些教育背景良好、同样热爱写作之人，他们很多人虽有才华，却因学业、工作、家庭等诸多因素而分心。他们拥有众多选择，但写作时往往容易被外界干扰，难以专注，最终在写作之路上半途而废。这便是坚持与否所产生的截然不同的结果。

坚持，意味着要摒弃杂念，专注于自己的目标。说起来容易，做起来很难。那么，我们该如何坚持下去呢？

1. 精准定位目标

在开始一件事情前，深入剖析自身需求与能力，确定一个切实可行且具有长远意义的目标。例如，司马迁立志撰写《史记》，虽遭受宫刑这一巨大耻辱与磨难，仍矢志不渝。他立志要为后世留下一部详尽的史学巨著，于是他将这一宏伟目标细化为无数个日夜的资料收集、整理与撰写工作。我们在生活中也应如此，若想提升绘画技能，不能仅设定“画得更好”这一模糊概念，而应明确目标。具体来说，我们可以设定在一年内掌握某种绘画风格的目标，如能熟练绘制写实风景油画，并能够在本地画展展出作品。将一个大目标拆解成每月、每周甚至每日的小任务，如每周完成特定数量的风景写生、每天花费若干时间练习线条与色彩搭配等。如此一来，每个小阶段的成果都清晰可见，能有效激励自己持续前行。

2. 营造稳定的环境

环境对个人有着潜移默化的影响。“昔孟母，择邻处。”孟母三迁是为了给孟子营造良好的学习环境。若打算坚持阅读学习，就打造一个安静、整洁的学习空间，将手机等可能分散注意力的物品放置在其他房间，学习空间内仅摆放与学习相关的图书、学习用具等；若致力于健身，可选择离家近且设施齐全的健身房办理长期会员，或者在家中开辟出一块健身区域，购置必要的健身器材，如哑铃、瑜伽垫等，让环境时刻提醒自己要完成的任务。

3. 设立有效的奖励与惩罚机制

人都有趋利避害的心理，合理把握这一心理有助于我们坚持到底。为自己制订一份奖励清单，达成某个阶段性小目标时，就给予自己一项奖励，如坚持早起背单词一个月，就奖励自己购买一款心仪的电子产品或去看一场电影。反之，若未完成既定任务，则要接受惩罚，如减少娱乐时间、增加额外的练习量等。例如贝多芬，他双耳失聪，但在音乐创作的道路上从未停歇，用内心对音乐的执着与热爱激励自己，克服了重重困难。他若是因失聪而放弃创作，就不会有那些震撼人心的伟大乐章流传于世。我们在自己的坚持之路上，也要像贝多芬一样，用坚定的信念跨越障碍。

4. 培养坚韧的心态

在坚持的道路上，我们难免会遇到各种挫折与阻碍，此时坚韧的心态就尤为关键。“千磨万击还坚劲，任尔东西南北风。”郑板桥的这句诗便是坚韧心态的生动写照。当我们进步缓慢或面临失败时，不要过度自责或沮丧，而要冷静分析原因，从中汲取经验教训。我们可以通过写日记的方式记录自己的坚持历程，遇到困难时回顾以往克服困难的经历，增强自信心。同时，我们要学会自我鼓励，在内心深处坚信自己的目标一定能够达成，用积极的心理暗示推动自己继续前进。

拥有坚持到底的品质，如同在黑暗中点亮了一盏灯，照亮我们前行的道路。唯有坚持下去，我们才能在岁月的长河中留下深深的足迹，收获成功的硕果。

第六章

人生逆袭——抓住时机实现自我超越

第一节

自我发现：你的兴趣和优势在哪里

如今，许多人都有出人头地的梦想，并为此拼搏奋进，不断地审视自我、努力改变。然而，出人头地谈何容易？它需要非凡的勇气、出众的智力、坚定的毅力以及吃苦耐劳的精神。通往成功之路，如同攀爬一座高耸入云且崎岖陡峭的山峰，途中艰难险阻无数。俗话说："吃得苦中苦，方为人上人。"但在走向成功的过程中，如果只是埋头吃苦，而忽视了其他重要因素，可能也会事倍功半。

爱因斯坦曾说："兴趣是最好的老师。"当我们从事自己感兴趣的事业时，坚持就不再是一种痛苦的煎熬，而是自然而然、充满成就感的过程。

科学家屠呦呦对医学研究满怀热忱，她在青蒿素的提取过程中，经历了无数次的失败与挫折，却始终兴致盎然、乐此不疲。正是这份兴趣与热爱，支撑着她在艰苦的科研道路上坚持不懈，最终成功提取青蒿素，为全球的疟疾防治事业做出了卓越贡献。

反之，若只是为了满足物质需求或单纯追求出人头地而选择一份自己毫无兴趣的工作，就容易陷入内耗，身心俱疲。这样一来，我们不仅难以坚持，还会在这一过程中逐渐迷失自我，陷入深深的痛苦与迷茫之中。

那么，我们要如何才能发现自己的兴趣和优势呢？

1. 深度回顾过往经历

静下心来，仔细梳理自己的成长历程，从童年的游戏到学生时代的学习与课外活动。思考哪些瞬间让你感到兴奋与满足，哪些成就让你引以为傲。比如，解开一道复杂的数学题时你是否体验到了前所未有的成就感？在舞台上表演时你是否感受到了由衷的充实与喜悦？这些强烈的情感体验往往与你的兴趣和潜在优势紧密相连。同时，那些你能轻松完成且成果出色的任务，往往暗藏天赋线索——你在某件事上取得成果越轻松，越可能意味着具备相关潜力。

2. 积极尝试新事物并保持专注

不要浅尝辄止，而是全身心地投入到新的活动和技能学习中。比如，报名参加一个专业的手工班，而不只是简单地观看视频；加入一个长期的语言学习社群，并且每天坚持打卡交流。在这个过程中，留意自己的投入程度和学习曲线。如果你发现自己在某个领域中能够快速吸收知识，不断产生新的创意与想法，并且迫不及待地想要深入探索，那么这很可能就是你的兴趣所在。例如，当你学习摄影时，不仅能迅速掌握相机的操作技巧，还能通过独特的视角捕捉到令人惊叹的画面，并且热衷于研究各种摄影风格与后期处理技巧，这就表明你在摄影方面具备一定的天赋。

3. 主动寻求外界反馈并学会分析整合

与朋友、家人、老师或同事进行真诚的交流，询问他们对你的看法与建议。但不要仅仅满足于表面的夸赞或批评，而是要深入探讨。比如，当老师指出你在作文中对人物的心理描写细致入微时，进一步追问老师是哪些语句或描写方式让他有了这样的感受，以此明确自己的写作优势。然后，将不同人的反馈进行综合分析，找出其中的共性与规律。如果很多人都提到你在公众场合发言时逻辑清晰、感染力强，那么这可能就是你值得深入发展的方向。

4. 进行自我挑战与压力测试

你可以主动承担一些具有挑战性的任务，在压力环境下观察自己的表现。例如，参加一场高难度的辩论比赛，看自己在紧张的氛围中能否快速组织思路、有力地表达观点；或者尝试在短时间内完成一个复杂的项目，检验自己的应变能力与综合素质。这些挑战，不仅能够让你发现自己在压力状态下的潜力，还有助于更精准地认识到自己的兴趣与优势所在。因为人在面对真正感兴趣的事情时，即使压力巨大，也会充满动力与激情地去克服困难，而在这个过程中展现出的能力往往就是其优势所在。

自我发现是一场意义深远的旅程，它并非一蹴而就，而是需要我们用心去探索、用时间去沉淀。在这个快节奏且充满诱惑的时代，我们很容易随波逐流，盲目追求所谓的成功与荣耀，忽略内心真正的渴望。深入挖掘自己的兴趣与优势，能够让我们为自己的人生绘制一幅独一无二的蓝图，让前行的道路更加清晰明亮。当我们在自己热爱且擅长的领域中努力耕耘时，每一分付出都将化作成长的养分，每一次挑战都将成为进步的阶梯。我们不再疲惫地追逐他人的脚步，而是满怀热情地开辟属于自己的天地，在自我实现的道路上绽放出绚烂的光彩，收获真正属于自己的成功与幸福。

第二节

目标设定：明确你的职业和生活愿景

在人生的漫长旅途中，目标犹如灯塔，指引着我们前行的方向。而职业愿景和生活愿景，则是我们在不同层面所追求的理想蓝图，深刻地影响着我们的决策、行动以及最终所能达到的人生高度。

职业愿景，是我们对自己职业生涯的长远规划与期望。它不仅仅关乎我们所从事的具体工作或职位，也涵盖了我们在职业领域中想要达成的成就、想为行业做出的贡献，是我们自身职业价值的深度体现。

例如，一位科技从业者的职业愿景可能是通过创新的技术，推动所在领域的变革，成为行业内备受尊敬的技术引领者，改变人们的生活方式与社会的运行模式；一名教育工作者的职业愿景可能是建立一套独特且高效的教育体系，培育出众多具有创新思维和社会责任感的优秀人才，为教育事业的发展做出贡献。

生活愿景，则是我们在不同阶段所追求的理想目标。它们深刻影响着我们的决策方向、行动选择以及最终能抵达的人生高度，也包含了家庭生活的美满和谐、个人兴趣爱好的充分发展、健康的身心状态以及丰富的社交生活等多个维度。

例如，有人期望拥有一个温馨和睦的家庭，在闲暇时光与家人一起游历世界，感受不同的文化风情；有人热衷于追求个人艺术爱好，期望在绘画、音乐等领域达到一定的造诣，用艺术作品表达内心的情感与对世界的认知；有人希望保持健康的体魄，通过参与各类社交活动，结交志同道合之友，共享人生的喜怒哀乐。

那么，我们该如何明确自己的职业愿景和生活愿景呢？SWOT 分析法是一个极为有效的工具。

1. 评估优势（Strengths）

这需要你深入挖掘自身所具备的能力、知识、性格特质等。例如，你可能拥有出色的沟通能力，无论是在演讲还是人际交流时都游刃有余；你可能具备超强的逻辑思维能力，善于分析复杂的问题并给出严谨的解决方案。从性格方面来看，坚韧不拔的毅力、乐观积极的心态、高度的责任感等都是宝贵的优势。在职业发展中，这些优势可能会助力你在销售、管理、科研等不同领域崭露头角；在生活中，这些优势也有助于你应对各种挑战与困难，如在追求个人兴趣爱好时克服困难、在家庭关系和社交关系中保持一定的影响力等。

2. 分析劣势（Weaknesses）

诚实地审视自己在能力、经验、性格等方面的不足之处。也许你在某些专业技能方面存在短板，如对特定软件的操作不够熟练，或是缺乏团队领导经验；也许你在人际交往方面存在过于内向、缺乏自信等问题。在职业规划中，认识到这些劣势能够让你有针对性地进行学习和改进，如通过参加培训课程提升技能，通过自我挑战和实践锻炼弥补领导经验的不足。在生活方面，了解自身性格劣势能推动我们主动改善人际关系：若性格内向，可积极参与社交活动；若缺乏自信，可通过自我肯定和心理调适来增强自信。如此，方能更好地实现家庭和谐、拓展社交生活的目标。

3. 考量外部机会（Opportunities）

关注行业动态、社会发展趋势以及周围环境中的潜在机遇。在职业方面，新兴行业的崛起、市场需求的变化、政策的支持等都可能是难得的职业发展机遇。例如，随着人工智能的飞速发展，相关领域的人才需求旺盛，若你有一定的技术基础或学习能力，这便是踏入该领域实现职业飞跃的绝佳契机。在生活方面，社区文化建设的繁荣、新休闲娱乐方式的兴起也为我们丰富自己的生活提供了可能，如参与社区组织的各类文化活动、尝试新兴的户外运动项目等，都有助于你朝着理想的生活迈进。

4. 分析威胁（Threats）

识别可能阻碍你实现职业目标和生活愿景的外部威胁。在职业领域，激烈的市场竞争、行业的变革、经济环境的不稳定等都是潜在威胁。例如，同行业的人才竞争可能会使你在晋升或求职过程中面临巨大压力；行业的技术革新可能需要你不断学习新的技能。在生活方面，社会压力、家庭变故、健康风险等都可能干扰你对生活愿景的追求。比如，长期的工作压力可能影响家庭关系，意外的健康问题可能限制你发展兴趣爱好和参加社交活动。

用 SWOT 分析法全面地梳理自身的内部条件与面临的外部环境后，我们能够更加清晰地认识自己的职业和生活愿景。将优势与机会相结合，制订出积极的职业发展策略和生活改善计划；针对劣势与威胁，提前布局风险防范措施。如此，我们便能在职业道路上稳步前行，在生活中逐步构建起理想的家园，向着心中向往的职业与生活愿景坚定地迈进，让人生充满希望，绽放出绚丽的光彩。

第三节

整合资源：如何有效利用手中的资源

大三学生林夏在准备互联网产品设计大赛时，面临着跨学科知识不足、缺乏实践案例的困境。但她没有轻易放弃，而是充分挖掘身边资源：利用学校图书馆的专业书籍和数字资源库，系统学习设计理论；主动联系曾在大厂实习的学长学姐，获取真实项目经验；还在课程群里招募不同专业的同学，组建了涵盖计算机、市场营销、心理学的跨学科团队。最终，这支整合多方资源的团队凭借创新方案脱颖而出，不仅斩获大奖，还获得了企业实习机会。林夏的经历生动展现了，合理整合资源能将看似有限的条件转化为无限可能。

在生活与成长的道路上，资源如同散落在各处的拼图碎片，人脉、学习、物质等资源看似零散，实则相互关联。只要我们善用整合思维，就能将这些碎片拼凑成完整的图景，助力我们前行。

人脉资源恰似一张充满潜力的关系网络，由家人、朋友、师长及其他社交伙伴共同编织而成。就像林夏通过校友网络获得帮助，生活中也有许多人通过与行业前辈交流，获取职业发展的关键建议；或是参与兴趣社群，结识志同道合的伙伴，碰撞出创业灵感。维护人脉并非单纯索取，而是建立在真诚互动的基础之上。定期与他人沟通近况、分享资源，在能力范围内提供帮助，这样的良性互动能让人脉网络持续焕发生机。

学习资源则是我们提升自我的有力工具。学校图书馆的海量藏书、网络平台的优质课程、课堂上老师的悉心指导，都是我们获取知识的重要源泉。以在线学习平台为例，Coursera 的国际名校课程、网易云课堂的实用技能培训等，打破了时间与空间的限制。学术讲座与研讨会更是难得的学习契机，让我们既能接触前沿知识，又能拓展人脉。将这些资源有机结合，能让学习更具有系统性与针对性。

物质资源同样不可忽视。对学生来说，物质资源可以是自己的学习设备，如电脑、平板、绘画工具等，这些工具的性能和质量会影响学习与创作的效率与效果。对职场人来说，物质资源可能包括办公场地、交通工具、生产设备等。例如一家创业公司，将办公场地划分为不同的功能区域，如办公区、会议室、产品展示区等，这样能够显著提高工作效率与团队协作效果；为员工提供交通工具，方便他们外出洽谈业务、进行市场调研等；同时，采用先进的生产设备可以有效提高产品的质量与生产效率。

那么，如何将这些资源归类并使其为我们所用呢？

1. 精准锚定目标，绘制资源导航图

在着手整合资源之前，我们必须先明确自己的目标。倘若目标是在互联网产品设计领域崭露头角，就像林夏那样以在大赛中斩获大奖为方向，需梳理出与该方向紧密相关的资源脉络。分析哪些人脉能

够为自己斩获大奖提供助力，比如互联网大厂的设计师、大赛往届获奖选手或高校设计专业的导师；哪些学习资源有助于提升产品设计技能，像 Figma 设计教程、《启示录：打造用户喜爱的产品》等专业书籍、慕课平台的产品设计课程；哪些物质资源可以助力作品的呈现与传播，例如高配置电脑、设计软件授权、作品路演的展示设备等。若志在创业，比如开发一款智能办公工具，那就要考量人脉中是否有程序员、产品经理、投资人等资源；学习资源方面，是否深入研究过用户需求分析、软件开发流程、创业融资知识等；物质资源上，是否有启动资金、开发设备以及产品测试的用户群体等。只有清晰地确定目标，才能精准地整合资源，避免盲目行动。

2. 深度挖掘人脉资源，编织价值互联网络

人脉资源是一座潜在的富矿，需要用心去挖掘与经营。除了常见的亲朋好友、师生校友等关系，还要善于拓展社交圈子。参加行业展会、专业论坛、兴趣小组等，结识背景不同但与自己的目标相关的人士。例如，一位想要从事环保事业的人，参加环保公益活动，不仅能结识志同道合的志愿者，还有可能遇到环保企业的高管、科研机构的专家等。与这些人建立联系后，不能仅仅停留在表面的寒暄，而要深入了解他们的专业领域、优势特长以及能够提供的潜在价值。定期与他们交流，分享自己的进展与想法，寻求合作机会或专业建议。比如，可以邀请专家为自己的环保项目提供技术指导，与企业高管探讨商业合作模式，通过这种方式将人脉资源的价值最大化，编织一张相互支持、互利共赢的价值互联网络。

3. 优化整合学习资源，构建知识升级引擎

学习资源虽然丰富多样，但需要合理整合才能发挥其最大效能。我们要制订个性化的学习计划，将学校教育、网络课程、书籍阅读、实践经验等多方面的学习资源有机结合。以学习编程为例，我们可以在学校里系统学习计算机基础知识和编程原理，同时利用网络平台如慕课网、编程社区等，学习最新的编程语言和框架，参与开源项目实践，积累实际操作经验。并且，要善于将不同来源的知识融会贯通，形成自己的知识体系。比如，将从书本上学到的算法理论应用到实际项目中，通过项目实践加深对理论知识的理解，再将实践中遇到的问题和解决方案反馈到学习过程中，不断优化自己的知识结构，构建一个持续升级的知识引擎，为实现目标提供源源不断的智力支持。

4. 高效调配物质资源，打造成功助推器

对于物质资源，要依据目标进行合理调配与利用。如果是学生进行艺术创作，要根据自己的创作需求选择合适的绘画工具、电脑软件等，确保物质资源能够满足创作的质量与效率要求。在创业或工作场景中，更是要精打细算地利用物质资源。例如，某小型电商公司在推广新品时，缺乏足够的广告预算。运营团队没有局限于传统推广方式，而是发动员工拍摄趣味短视频，在视频中巧妙植入产品元素，并发起“晒出你的使用场景”话题活动，鼓励用户参与。通过用户自发传播和社交媒体的裂变效应，以极低的成本实现了产品的广泛曝光，将人力和用户资源进行了创新性整合。

在整合资源的过程中，我们还需要具备创新思维与灵活应变的能力。有时候，资源可能不会直接呈现在我们面前，需要我们去挖掘与

转化。例如，一些闲置的物料，通过巧妙设计能变废为宝；又如，看似无关的人员技能组合，经创新调配可形成强大合力，推动资源整合迈向新高度。此外，在学习过程中，将不同学科的知识融合运用，创造出独特的作品，也是学习资源的一种创新整合。

我们每个人都拥有丰富的资源，关键在于能否清晰地认识到这些资源的存在，并合理地进行归类，使其服务于我们的目标。无论是在求学、求职还是创业的道路上，善于整合资源者，往往能够脱颖而出，开辟属于自己的成功之路。

第四节

勇敢尝试：不怕失败才有成功的可能

小李在一家律所上班，她毕业于顶尖名校，能力超群，办事稳妥。只要她接手的事情，大家都深信定会超预期完成。这样的她本应在广阔的法律天地里大展宏图，可实际上，她只在大律师手下做些琐碎的工作，处理他人转接的案子，按部就班地领取工资。

多年过去，她的收入仅仅维持在一个较为稳定但并不丰厚的水平，这让她内心深感痛苦。其实，以她的能力，完全有机会去开拓自己的案源，拓展业务版图。然而，她始终不敢迈出这一步。律师拓展案源，难免会面临失败的风险，她害怕一旦失败，就会失去经济来源。她的原生家庭穷困潦倒，无法给予她任何资助，甚至还需要她的扶持，所以她不敢承受哪怕一丝一毫的风险，只能守着这份稳定却又不尽如人意的工作，过着自己并不满意的生活。

与之形成鲜明对比的是另一位律师的经历。起初，她也像大多数同行一样，遵循着传统的职业路径，按部就班地在律所领取固定工资，过着相对安稳但缺乏冲劲的生活。然而，她内心深处渴望更大的挑战与突破，于是毅然决定走出舒适区，独自开拓属于自己的事业版图。在创业初期，她面临着诸多困难，业务资源匮乏、案源不稳定、资金紧张等问题接踵而至，她的内心也时常被恐慌与不安笼罩。但她凭借着坚定的信念、顽强的毅力以及出色的专业能力，在困境中不断摸索前行。历经无数次的挫折与磨砺的她，如今已华丽转身，成为一名年入百万的知名律师。由此可见，敢于迈出尝试的步伐，往往会造就截然不同的职业路径与人生轨迹。

那么，一个渴望突破却又缺乏勇气的人，该如何去开启新的尝试呢？

1. 重塑失败认知，筑牢心理根基

要深刻认识到，失败并不等于遭遇世界末日，人生本就充满起伏，即使失败，天也不会塌下来，我们始终拥有从头再来的机会。就像许多成功的企业家，在创业初期都经历了多次失败，但这些失败成了他们日后成功的垫脚石。面对失败，我们应告诉自己：这只是暂时的挫折，我可以从中学到经验，下次做得更好。同时，我们应该让过往的积累成为日后面对失败的底气。无论是知识技能还是人脉资源，都能在困境中发挥作用，帮助我们找到新的出路。所以，在尝试新事物之前，先回顾自己已经取得的成果，强化内心的安全感，克服对失败的恐惧心理。

2. 积累资源储备，孕育勇气和底气

除了转变心态，还需实实在在地为自己打造一个“安全网”。例

如，可以在日常工作中制订合理的财务规划，每月积攒一部分资金作为创业或拓展业务的储备金。一定的经济基础，哪怕只是一笔相对较少的存款，也能在心理上给予自己更多的勇气去拼搏。此外，还可以积累知识资源，通过阅读专业书籍、参加培训课程，提升自己在目标领域的专业素养，从而使自己在面对挑战时更有信心。同时，拓展人脉资源也至关重要，我们要积极与同行建立良好的合作关系，结识潜在客户或合作伙伴，这些人际关系很可能在关键时刻成为助力。

3. 培育创新思维，勇于突破边界

在追求成功的道路上，不能因循守旧，要有突破性的思维，敢于承担风险。风险与机遇往往相伴而生，如果总是害怕风险，畏缩不前，将永远无法抓住成功的机遇。以新兴的互联网行业为例，许多创业者正是看到了传统行业未被满足的需求，大胆创新、勇于投入，尽管面临技术、市场、资金等诸多风险，他们还是凭借敏锐的洞察力和果断的决策力，开辟出了全新的商业天地。我们要学会跳出舒适区，用创新的眼光看待问题，果断地迈出勇敢的一步。即使失败，也能在这个过程中收获宝贵的经验，为下一次突破奠定基础。

4. 设定可行目标，小步迈向成功

培养勇气并非一蹴而就，而是要从一个个小目标开始逐步锻炼。可以先设定一些低风险、易达成的短期目标，如上文中的小李可以先尝试每月结识一位新的潜在客户，或者参与一个小型的法律项目。每一个小目标的达成都会带来成就感和自信心的增强，这样就能逐渐积累起更大的勇气去挑战更高的目标。在这个过程中，不断总结经验，

调整策略，逐步扩大自己的舒适区，实现从量变到质变的转变。

总之，在人生的征途中，勇气是打开成功之门的钥匙。无论出身贫富，无论现状如何，只要我们能够克服内心的恐惧，积极培养勇气，就一定能够在不断的尝试与挑战中，冲破藩篱，向着成功的彼岸奋勇前行，书写属于自己的辉煌篇章，收获充实而有意义的人生。

第五节

快速试错：结合反馈不断调整策略

在追求目标的道路上，快速试错是一种不可或缺的有效手段。试错并非盲目地乱撞，而是在行动过程中，敏锐捕捉各种反馈信息，并据此灵活调整策略，从而高效地解决问题。

以一家新兴的互联网电商企业为例，创业初期，他们推出了一款主打时尚美妆的线上平台。起初，他们按照传统的电商模式，大规模地采购热门美妆产品，以低价策略吸引用户。然而，运营一段时间后发现，尽管流量有一定增长，转化率却不尽如人意，用户留存率也较低。这便是市场给出的反馈信号，提示当前策略存在问题。

于是，团队迅速开启试错调整模式。他们通过用户调研、数据分析等方式深入挖掘反馈信息，发现用户对于美妆产品的个性化需求日益强烈，单纯的低价策略已难以满足用户需求。基于此，他们调整策略，引入了个性化推荐系统，根据用户的浏览历史、肤质、喜好风格等多维度数据，精准推荐适合的美妆产品。同时，加强与小众美妆品牌的合作，丰富产品种类，满足用户对于独特、新颖的美妆产品的追求。经过这一系列调整后，平台的用户活跃度显著提升，订单量和销售额也实现了大幅增长。

对个人而言，快速试错同样至关重要。

比如一位想要成为健身博主的年轻人，他最初按照自己的想法，制订了一套高强度、高频率的健身训练计划，并在社交媒体上分享。但一段时间后，他发现粉丝量增长缓慢，互动也很少。他开始收集反馈，发现观众对健身计划的可行性、趣味性以及他的讲解方式都有诸多意见。

针对这些反馈，他快速调整策略，将自己的健身计划改为分阶段、针对不同人群的系列计划，增加了更多有趣的健身挑战和互动环节，并且学习专业的视频拍摄与剪辑技巧，提高视频质量和讲解的吸引力。随着这些调整，他的粉丝数量逐渐增多，视频的点赞数、评论量也大幅上升。

那么，我们要如何有效地进行快速试错并结合反馈调整策略呢？

1. 明确试错的目标与范围是基础

在开启试错之旅前，必须明确想要实现的目标。例如，一款新开发的应用程序，目标可能是提高用户留存率；个人的职业转型，目标或许是确定最具潜力的职业发展方向。同时，确定试错的范围，明确哪些方面可以进行尝试，哪些是核心原则不可轻易变动。以企业新产品研发为例，产品的核心功能架构可能处于试错范围之外，是其根基所在；而界面设计、营销推广渠道等，则可纳入试错范畴。这一步骤能够为试错行动提供清晰的框架，避免资源的浪费与精力的分散。

2. 精心设计试错实验方案

一个良好的实验方案应具备以下要素：一是设置合理的对照组与实验组。例如，在测试电商平台的促销策略时，选取部分用户作为实验组，实施新的促销活动，而另一部分用户作为对照组，沿用原有的促销模式，以便通过对比准确评估新策略的效果。二是确定关键指标的监测与评估方法。仍以电商促销为例，关键指标可能包括销售额、客单价、转化率等，提前确定如何收集、分析这些数据，确保能够客观衡量试错结果。三是确定试错的时间周期与样本量。如果时间周期过短或样本量过小，可能导致结果不准确、不具有代表性；反之，则可能耗费过多资源与时间。比如，在测试一款新的广告投放策略时，根据目标受众的规模与广告投放平台的特点，确定至少为期一周的试错周期，并选取足够数量的目标用户作为样本，以保证数据的可靠性与有效性。

3. 在试错过程中，高效的数据收集与分析能力是关键

一方面，要确保数据的准确性与完整性。利用专业的数据收集工具，如谷歌分析、数据挖掘软件等，对相关数据进行全面采集。例如，对于一款在线教育产品，不仅要收集用户的注册量、登录时长等基本数据，还要深入挖掘用户在课程学习过程中的行为数据，如视频播放次数、暂停位置、答题正确率等，这些数据能够更精准地反映用户的体验与需求。另一方面，运用科学的数据分析方法对数据进行解读。

常见的数据分析方法包括描述性统计分析、相关性分析、回归分析等。描述性统计分析可以展现数据的基本特征，如平均值、中位数、标准差等；相关性分析能够揭示不同变量之间的关联程度，帮助我们发现潜在的影响因素；回归分析则可进一步构建变量之间的数学模型，预测不同因素变化对目标结果的影响。例如，通过回归分析发现广告投放费用与产品销售额之间的量化关系，从而为调整广告预算提供依据。

4. 基于数据分析的结果，及时进行策略调整

如果数据显示某一营销活动在特定社交媒体平台上的转化率极低，那么就需要深入分析原因，可能是广告文案不吸引人、投放时间不合适或者目标受众定位不准确等。针对这些问题，对广告文案进行重新撰写与优化，把投放时间调整至目标受众活跃的时间段，或者重新细化受众定位参数，然后再次进行试错实验，观察调整后的效果。在个人职业发展中，如果在某一领域尝试兼职工作后发现兴趣不高，且职业发展空间有限，那么就需要重新评估自己的职业规划，考虑转向其他更具潜力的方向，如通过参加相关培训课程、考取职业资格证书等方式提升自己在新方向上的竞争力，并积极寻找新的实践机会进行再次试错与验证。

5. 建立反馈循环机制以持续优化

试错与策略调整并非一次性行为，而是一个持续的过程。每次试错后，将调整后的策略实施效果再次纳入反馈系统，观察是否达到预期目标。如果仍然存在偏差，则重复上述数据收集、分析与策略调整的步骤，不断迭代优化。同时，将每次试错过程中积累的经验与教训

进行总结整理，形成内部知识库或个人经验笔记，以便在未来的决策中能够快速参考借鉴，避免重复犯错。例如，一家企业在多次产品迭代过程中，将每次用户反馈、市场数据以及策略调整的详细情况记录成册，为后续新产品的研发与市场推广提供了宝贵的参考依据，使企业能够在市场竞争中始终保持敏锐的洞察力与高效的响应能力。

总之，快速试错并结合反馈调整策略是一个系统性、动态性且需要严谨执行的过程。明确试错目标与范围、精心设计实验方案、高效收集与分析数据、及时且精准地调整策略、建立持续反馈循环机制，个人和企业才能在不断变化的环境中快速适应、成长与发展，提高成功的概率，实现自身价值的最大化。

第六节

分享成功：成功时要帮助他人

当我们攀爬至成功的高峰，回首望去，那一路的艰辛与汗水都化作了荣耀的勋章。然而，真正伟大的成功并非仅仅是个人的闪耀，更在于能够伸出援手，拉一把身后那些仍在努力攀登的人。

在智能机器人研发领域，宇树科技是一家初创企业，它曾面临技术迭代成本高、量产难度大的困境。自 2019 年起，雷军便通过领投宇树科技 A 轮融资，为其注入关键启动资金，后续更是在多轮融资中持续加码。在技术指导方面，小米的工程师团队与宇树科技深入交流，帮助优化机器人的运动控制算法和传感器集成方案。同时，借助小米庞大且成熟的供应链体系，宇树科技得以解决原材料采购成本高、生产工艺不稳定等问题，大幅降低了生产成本。在小米的助力下，宇树科技得以快速优化产品、提高品质，并借助小米的销售渠道和品牌影响力走向更广阔的市场。在 2025 年国际消费电子展上，宇树科技凭借人形机器人 G1 和智能机器狗 Go2 成为全场焦点，成功将先进的机器人产品推向全球。

在互联网领域，马化腾所领导的腾讯也在分享成功方面有着诸多令人称赞的举措。腾讯通过打造开放平台，为无数中小互联网企业提供了发展的机遇。许多小型游戏开发团队、移动应用开发者借助腾讯的平台资源，获得了用户流量、技术支持与商业变现的途径。以一些富有创意但缺乏推广渠道的游戏工作室为例，它们在腾讯游戏平台上线作品后，平台庞大的用户基数让他们的游戏得以迅速传播，工作室也因此获得了可观的收益，进而能够持续投入游戏的优化与创新中。腾讯以自身的成功为基石，构建起了一个互利共生的互联网生态，让更多的从业者在这个平台上实现了自己的价值。

从个人的角度来看，分享成功也有着深远的意义。

比如古天乐，他在演艺事业上取得了显著成就后，积极投身慈善公益事业，尤其是在教育领域贡献较大。他深知贫困地区教育资源严重匮乏，于是在国内偏远山区捐建了多所希望小学。这些学校为很多孩子提供了接受教育的场所，让他们有机会走出大山，去探寻更广阔的世界，改变自己的命运。古天乐用自己的财富和影响力，为孩子们点亮了希望之光，这种分享成功的方式，不仅改变了孩子们的人生轨迹，也为社会传递了满满的正能量。

又如曹原，这位年轻的科研天才在石墨烯超导领域取得重大突破后，并没有将研究成果束之高阁。尽管他年纪尚轻，但他积极参与学术交流活动，与国内的科研团队分享自己的研究思路与实践经验。他的分享为国内相关领域的研究注入了新的活力，激发了更多年轻科研人员的探索热情，加速了我国在石墨烯超导研究方面的进程，使我国有望在未来为全球科技发展带来更多变革性的成果。

在自己取得成功后主动帮助他人，体现的是一种纯粹的善意。这种善意不以谋取利益为目的，而源于对他人困境的共情，以及对公平机会的追求。这是一项值得推崇的传统美德，古往今来，乐于帮助他人的人总被视为道德楷模。这种美德代代相传，让社会始终充满温情。

帮助他人是传承得以切实推进的关键纽带。在学术领域，学术大家将自己积累的知识、钻研的成果倾囊相授，后学晚辈得以站在巨人肩头，让学术成果与智慧代代相承、持续演进；于商业疆场，创业达人把宝贵的实战经验、独到的商业策略分享给后来者，助力新的商业力量崛起，实现商业智慧的接力与创新。

这种通过帮助他人实现的传承，是各领域进步的引擎。它如同接力棒，在人与人之间传递，让每一代人都能汲取前人养分，奋勇向前。

那么，当我们取得成功时，应该如何帮助别人呢？

1. 保持一颗谦逊和感恩的心

认识到自己的成功并非仅靠个人的努力，而是众人的帮助、社会的支持以及时代的机遇等多种因素共同作用的结果。只有抱着这样的心态，才会有主动帮助他人的意愿。当我们心怀感恩，就会更加关注那些需要帮助的人，并且愿意为他们提供力所能及的支持。

2. 根据自身的能力和资源，找到合适的帮助方式

如果是企业界人士，可以像雷军那样，通过产业投资与资源共享扶持初创企业；或者如马化腾一般打造开放平台，为同行提供发展机遇。如果是在演艺界或在其他公众领域有影响力的人士，可效仿古天乐投身慈善公益，关注社会弱势群体的需求并给予实际帮助；而对科研工作者来说，可以像曹原那样积极参与学术交流，分享研究成果与经验，推动科研领域的进步。

3. 注重帮助的持续性和有效性

分享成功、帮助别人不是一时的作秀，而是一个长期的过程。我们不要仅仅给予一次帮助，而要持续关注被帮助者的发展情况，根据他们的需求变化，不断调整帮助的方式和内容。例如，在资助贫困学生上学时，我们不应仅止步于支付学费，还需要关心他们的学习进度、心理健康以及未来的职业规划等，为他们提供全方位的支持，确保他们能够真正从帮助中受益，实现自己的人生价值。

4. 分享成功必须秉持纯粹的动机

绝不能强迫他人接受帮助，要尊重他人的意愿。在施助之后，切不可索取回报，也不应因帮助了他人而沾沾自喜，更不能以恩人自居。真正的分享是出于内心的善意与社会责任感，不求回报的付出才会让帮助更纯粹，让受助者感受到真诚与被尊重，也唯有如此，帮助他人的行为才能在社会中产生积极而深远的影响，促进人与人之间的和谐互助，营造良好的社会氛围。

在人生的长河中，成功是一座值得攀登的高峰，当我们站在山顶时，不要忘记那些在山脚下或山腰上努力的人。因为在这个过程中，我们传递的是希望、是力量，收获的是感恩、是尊重。这样，我们才能构建起一个更加和谐、美好的社会，让善意的光芒照亮每一个角落。

后记

观势致远：让观势成为习惯，开启不一样的人生旅程

在这本书即将完成之际，我内心很是复杂。《观势》这本书，是我对过往经历进行深刻反思与总结的成果。在过往的人生中，我历经了成功与失败，目睹了周围环境的快速变迁，深感个体在时代浪潮下的渺小与无力，同时也意识到，若能精准把握大势，便能在一定程度上掌握自身命运的走向。

“观势”这一理念，并非我凭空臆造。在历史的长河中，无数事例证明了顺势者昌、逆势者亡的道理。古往今来，那些洞察时代变革先机的人，往往能够成就非凡事业；而对大势缺乏认知、盲目行动之人，则多陷入困境。我在自己的职业生涯与生活历程中，也深切体会到了观势的重要性。在面对行业转型时，那些能够预见趋势并积极做出调整的企业和个人，顺利实现了跨越式发展；反之，则面临被淘汰的命运。这些经历促使我深入研究观势之道，希望能将其中的规律与方法分享给更多的人。

然而，我也清楚地知道，《观势》这本书存在着诸多不足。由于个人认知的局限性以及世界局势的复杂多变，书中所阐述的观点和方法可能不够全面、深入。但我真诚地希望，它能够成为读者朋友们了解“观势”的一个窗口，激发大家对这一重要理念的深入思考。

当今社会，无论是个人的成长发展、企业的战略决策，还是国家的长远规划，都离不开“观势”。对个人而言，观察社会、经济、科技等方面的发展趋势，可以更好地规划自己的学业、职业和生活。例如，在新技术不断涌现的当下，了解科技发展趋势有助于个人选择有前景的学习方向和职业领域，提升自己的竞争力。对企业来说，观势能够帮助其把握市场动态、行业走向，提前布局，在激烈的市场竞争中占据有利地位。在国家层面，观势则是制定政策、规划发展战略的重要依据，只有顺应全球发展大势，才能在国际舞台上有一席之地。

我期望读者在阅读本书时，能够秉持批判性思维，结合自身实际情况对书中内容进行吸收和运用。书中介绍的一些观势的方法和案例，能够为大家提供一些思路和借鉴。更重要的是，大家要在日常生活和工作中不断实践、总结，逐渐培养自己观势的习惯和能力。

最后，在此感谢在创作这本书的过程中给予我支持和帮助的家人、朋友以及各位专业人士。没有他们的鼓励、建议和专业指导，这本书难以问世。我也希望《观势》能够成为大家人生道路上的有益参考，助力大家开启一段因观势而更加清晰、从容、成功的人生旅程。